THAI

Großbonghardt | Plath

Die Giganten der Luftfahrt

Heinrich Großbongardt | Dietmar Plath

DIE GIGANTEN DER LUFTFAHRT

Abschied von Jumbo-Jet und A380

A6-EDN

Emirates
www.emirates.com

INHALT

VORWORT

Ich erinnere mich noch sehr gut an das erste Mal, dass ich unter dem Bauch eines Jumbos stand. Es war im 1991 auf der Flightline in Everett. Wir waren dort, um für die Lufthansa zu filmen, wie akribisch sie den Bau ihrer neuen 747-400 beaufsichtigt. 15 dieser Giganten hatte sie bestellt. Es war April und das Wetter in Seattle zeigte sich von seiner allerbesten Seite. In langer Reihe standen mehr als ein Dutzend der Riesenvögel auf dem Vorfeld: Air France, British Airways, Cathay Pacific, Japan Airlines, KLM, Korean, Singapore Airlines und die D-ABVK der Lufthansa, mit der wir zurückfliegen würden. Ihr noch blitzeblanker Lack glänzte in der Frühlingssonne. Unter diesen Giganten zu stehen, war Gänsehaut pur. Die schiere Größe, die Makellosigkeit ihrer Erscheinung, die vier für damalige Verhältnisse riesigen Triebwerke, die Kraft, die diese neuen Riesen ausstrahlten, das verlieh ihnen etwas einzigartig Majestätisches.

Superlative beeindrucken uns: das Schnellste, das Beste, das Größte. Nur in den seltensten Fällen können wir ermessen, wieviel Arbeit, Fleiß, Erfindergeist und Leidenschaft dahinterstecken. Die größten Flugzeuge waren immer technologische Spitzenleistungen ihrer Zeit. Sie testeten die Grenzen des Machbaren aus und schoben sie ein ums andere Mal ein weiteres Stück hinaus.

Manches Projekt scheiterte, weil das technisch Machbare nicht unbedingt auch das wirtschaftlich Sinnvolle ist. Über andere ging der technische Fortschritt hinweg. Und wieder andere Ingenieursträume platzten, weil sich am Ende herausstellte, dass die Fluggesellschaften und die Passagiere dann doch etwas anderes verlangten. Aber erfolgreich oder nicht, hinter jedem dieser Riesen steckt die große Vision vom Flugzeug als dem weltumspannenden und völkerverbindenden Verkehrsmittel.

Viele der Giganten haben die Zeit nicht überlebt. Sie wurden bei Unfällen zerstört oder irgendwann, nachdem sie nutzlos geworden waren, banal verschrottet. Nur wenig blieb, was an sie erinnert, von einigen nur Bilder, von manchen wenigstens ein paar Bauteile. Andere warten noch darauf, eine angemessene letzte Heimat zu finden, während sie allmählich verfallen. Dabei sind sie genau wie Bauwerke großartige Kulturleistungen und als Zeugnisse menschlicher Ingenieurkunst technische Denkmäler ersten Ranges. Alle Flugzeuge, die in diesem Buch vorgestellt werden, hätten dies verdient – auch als bleibende Erinnerung an die Menschen, die sie erdacht und gebaut haben.

Zumindest der 747 ist Schicksal des Verschwindens erspart geblieben. Und man darf hoffen, dass sich auch für die A380 als dem Superlativ der Passagierluftfahrt irgendwann ein würdevoller Rahmen findet. Aber das ist noch Jahre hin. Im Stammbaum der Giganten sind Jumbo und Superjumbo zusammen mit den ukrainisch-russischen Antonov-Riesen die Krone. Ob es jemals noch Größeres geben wird, kann heute niemand sagen. Und wenn irgendwann doch, dann waren die Giganten von gestern und heute Meilensteine auf dem Weg dorthin.

Heinrich Großbongardt

AF

Geschichte der Giganten

Nur einen kleinen Hauch mehr als die Spannweite einer Boeing 737 maß der erste Hüpfer, der Orville Wright am Vormittag des 17. Dezember 1903 am Strand von Kitty Hawk gelang. Eine Tür war aufgestoßen und eine stürmische Entwicklung in Gang gesetzt. Der Traum vom Fliegen zog Abenteurer, Visionäre und die brillantesten Ingenieure in ihren Bann. Zwischen dem zerbrechlich wirkenden Wright Flyer und der riesigen Sikorsky S-21 liegen nur zehn Jahren. Und noch einmal zehn Jahre später arbeitete Hugo Junkers schon an einem Riesenflugzeug für 100 Passagiere.

Thomas W. Benoist (links) sah im Flugzeug das kommende Verkehrsmittel für interkontinentales Reisen. Das Foto zeigt ihn nach dem ersten Linienflug am 1. Januar 1914 zusammen mit Pilot Tony Jannus (rechts) und Abram C. Pheil, dem Bürgermeister von St. Petersburg und erstem Passagier der Luftfahrtgeschichte.

Thomas W. Benoist war ein Mann von weitreichender Vorstellungskraft: »Eines Tages werden die Menschen die Ozeane in Linienflugzeugen überqueren, ganz so wie heute mit Dampfschiffen.« Es war der Neujahrstag des Jahres 1914 und gerade war in St. Petersburg/Florida vor den Augen von 3.000 Zuschauern der erste Linienflug der Luftfahrtgeschichte gestartet. Sein Ziel lag nicht jenseits des Ozeans, nicht mal auf der anderen Seite des Golfs von Mexiko, sondern lediglich auf der anderen Seite der Tampa Bay, 25 Kilometer entfernt. Mit dem Auto brauchte man von St. Peterburg nach Tampa 20 Stunden. Mit dem Zug schaffte man es in vier und mit dem Schiff in zwei Stunden. Die kleine Benoist XIV der SPT Airboat Line überwand die Distanz in einer halben Stunde. Zwei Verbindungen gab es pro Tag in jede Richtung. Das Ticket kostete fünf Dollar. Benoist war kein großspuriger Schwätzer, sondern sah die Möglichkeiten des neuen Verkehrsmittels. Im Mai 1917 vermeldete die Zeitschrift *Aviation and Aeronautical Engineering*, Benoist arbeite an der Entwicklung eines Flugbootes für den Transatlantikverkehr. Angetrieben von zwei Motoren von je 325 PS werde es Platz für 25 Passagiere haben und sei vermutlich eines der größten je gebauten. Es kam nicht so weit. Vor dem Werkstor seines Motorenlieferanten, der Roberts Motor Company, stieß er beim Verlassen einer Straßenbahn mit dem Kopf gegen einen Telegrafenmast und verschied.

Die Staaten Europas stellten unterdessen alle materiellen und technischen Ressourcen in den Dienst des großen Blutvergießens. Im Ersten Weltkrieg wurden die Flugzeuge zur Waffe. Anfangs nur als Aufklärer, dann als Bomber gaben sie einen ersten Vorgeschmack auf das, was ein Vierteljahrhundert später auf die Menschen in Europa zukommen sollte. Während es den Flugzeugen noch an Zuladung und Reichweite mangelte, konnten Luftschiffe schon damals mit Flugleistungen aufwarten, die heute noch Staunen erregen. So hatte das LZ 104 eine Reichweite von 16.000 Kilometern. Mit 50 Tonnen Nachschub für die Truppen in Deutsch-Ostafrika startete es in Jamboli in Bulgarien, überflog das Mittelmeer und

Die Sikorsky S-21 war das erste viermotorige Flugzeug der Welt. In seiner rechteckigen Kabine war Platz für sieben Passagiere, Gepäck und Ersatzteile. Sie wurde nach 53 beinahe problemlosen Flügen durch einen Unfall zerstört. Ein anderes Flugzeug verlor beim Landeanflug einen Motor und der fiel genau auf die S-21.

die Sahara und kehrte auf der Höhe von Khartum um, als es aus Berlin die Nachricht erreichte, dass der letzte deutsche Stützpunkt von britischen Truppen erobert worden war. Nach 95 Stunden Fahrzeit und beinahe 7.000 Kilometern landete es unverrichteter Dinge wieder an seinem Startplatz.

Ferdinand Graf Zeppelin hatte früh erkannt, dass seine Luftschiffe zu langsam und wegen ihrer Größe verwundbar waren. Flugzeuge würden ihnen auf Dauer im militärischen Einsatz wie auch in zivilen überlegen sein. Im Herbst 1914 gründete er zusammen mit den Industriellen Robert Bosch und Albert Hirth die Versuchsbau GmbH in Gotha. Als Leiter verpflichteten sie Prof. Alexander Baumann, den Inhaber des ersten deutschen Lehrstuhls für Luftschifffahrt, Flugtechnik und Kraftfahrwesen. Seine Aufgabe: ein Riesen-Flugzeug, das war die offizielle militäramtliche Bezeichnung, zu entwickeln mit genug Reichweite und Zuladung, um als strategischer Bomber London, Paris und andere Ziele tief im Hinterland der Alliierten angreifen zu können.

Todbringende Riesen

Für ein solches Flugzeug gab es ein Vorbild, und zwar dort, wo man es kaum vermuten würde, weil das Land zu jener Zeit als hoffnungslos rückständig galt. Nur zehn Jahre nachdem die Brüder Wright am Strand von Kitty Hawk ihre ersten motorfliegerischen Trippelschritte unternommen hatten, war in St. Petersburg/Russland ein Flugzeug von damals schier unvorstellbarer Größe gestartet: 20 Meter lang, 28 Meter Spannweite, knapp fünf Tonnen Abfluggewicht. Der Kopf hinter diesem ersten viermotorigen Flugzeug der Luftfahrtgeschichte und zugleich Pilot des Jungfernfluges sollte später noch viel von sich reden machen. Es war ein junger Ukrainer namens Igor Iwanowitsch Sikorsky, später nach seiner Emigration in die USA Erfinder des Hubschraubers mit Heckrotor und Gründer des gleichnamigen Hubschrauberproduzenten. Er war damals gerade 24 Jahre alt.

Die S-21 Russky Vityaz (Russischer Recke) war sein erster Entwurf, dem im Jahr drauf ein noch größerer und leistungsfähigerer

folgt. Die nach der Sagengestalt Ilya Muromets benannte S-22 hatte eine Spannweite von 29,8 Metern. Am 11. Februar 1914 absolvierte der zweite Prototyp einen Demonstrationsflug mit 16 Passagieren. Im Sommer folgte ein Weltrekordflug von Sankt Petersburg nach Kiew und wieder zurück, mit jeweils einer Zwischenlandung. Die geräumige Kabine der S-22 war vom Cockpit getrennt, auch das eine Novität. Sie verfügte über einen luxuriös ausgestatteten Salon und sogar eine Bordtoilette. Selbst elektrisches Licht gab es. Den Strom erzeugte ein Generator, der von einem kleinen Propeller im Fahrtwind angetrieben wurde. So gesehen war die S-22 auch das erste VIP-Flugzeug der Welt. Mehr als 85 Maschinen dieses Typs wurden bis 1917 gebaut, bedingt durch die Zeitläufte aber nicht, um die Zarenfamilie und Großfürsten durch das Reich zu fliegen, sondern als Bomber.

Auf deutscher Seite entwickelte das Team der Versuchsbau in Gotha, in dem auch Claudius Dornier und Hugo Junkers mitarbeiteten, die Auslegung von Sikorsky weiter. Gefordert waren aber deutlich mehr Reichweite und Zuladung. Man brauchte also mehr Auftrieb erzeugende Fläche. Alexander Baumann war ein Spezialist für Leichtbau und so gelang es, die Spannweite der V.G.O. I auf 42,2 Meter zu vergrößern. Das ist knapp die Spannweite einer Boeing 767. Anfang 1916 wurde der Betrieb zum Flugplatz Staaken am westlichen

Die riesige Zeppelin-Staaken E.4/20 war in vieler Hinsicht das erste moderne Verkehrsflugzeug. Während woanders noch stoffbespannte Doppeldecker gebaut wurden, hatte es einen freitragenden Flügel, der wie auch der Rumpf aus dem gerade entwickelten High-Tech-Werkstoff Duraluminium bestand. Nach einer Reihe erfolgreicher Flüge musste das Flugzeug auf Anweisung der Alliierten 1922 zerstört werden.

Stadtrand von Berlin verlegt, wo Zeppelin eine Luftschiffwerft unterhielt. Die dort gebauten Flugzeuge erhielten die Typenbezeichnung Zeppelin-Staaken. Sie basieren alle auf dem Entwurf der Versuchsanstalt Gotha, der im Detail immer wieder modifiziert und verbessert wurde. Vor allem die Motorisierung wurde immer wieder verändert und weiterentwickelt. Die vom Militär geforderte noch höhere Leistung ließ sich aber auf diesem Wege nicht erreichen. Die Staaken R.VIII, die daraufhin entwickelt wurde, hatte daher Tragflächen aus Duraluminium mit einer Spannweite von 55 Metern. Das Flugzeug konnte vor Kriegsende nicht mehr fertig gestellt werden. Als Antrieb waren acht Motoren mit rund 2.000 PS Leistung vorgesehen. Viele Dokumente über das Projekt wurden vernichtet, damit sie nicht den Alliierten in die Hände fielen. Kaum weniger beeindruckend war die Siemens-Schuckert R.VIII, ein sechsmotoriger Doppeldecker mit 48 Metern Spannweite, einer geschätzten Reichweite von 900 Kilometern und einem maximalen Startgewicht von 15,9 Tonnen. Auch dieser todbringende Riese kam nicht mehr zum Einsatz. Es wurden zwar Rollversuche gemacht, aber der Vertrag von Versailles verbot Deutschland, eine Luftwaffe zu unterhalten. Alle noch vorhandenen deutschen Militärflugzeuge mussten an die Alliierten abgeliefert oder unter ihrer Aufsicht zerstört werden.

Hugo Junkers (1859–1935) diente der Luftfahrt als Ingenieur, Visionär, Unternehmer und Humanist.

Während des Krieges hatten die Motorenhersteller bei Leistung, Gewicht und Zuverlässigkeit enorme Fortschritte gemacht. Geschwindigkeit und Reichweite der Flugzeuge blieben dagegen begrenzt durch den hohen Luftwiderstand der Streben und Drahtverspannungen, die den Tragflächen die notwendige Festigkeit gaben. Zwar flogen die beiden Briten John Alcock and Arthur Brown am 14./15. Juni 1919 mit einem umgebauten Vickers Vimy-Bomber in über 14 Stunden von St. Johns in Neufundland nach Clifden an der irischen Westküste, eine Strecke von ziemlich genau 3.000 Kilometern und sicherten sich so den mit 10.000 Pfund dotierten Preis für die erste Nonstop-Überquerung des Atlantiks. Aber von einer Alltagstauglichkeit für Langstreckenflüge blieben die Flugzeuge jener Tage weit entfernt.

Mochte die Technik auch noch zu wünschen lassen, so war doch buchstäblich alle Welt mit Thomas Benoist der Meinung, dass dem Flugzeug als Verkehrsmittel eine große weltverbindende Zukunft bevorstand. Deshalb wurde im Zuge der Friedenskonferenz von Paris, die den Ersten Weltkrieg beendete, am 13. Oktober 1919 die Pariser Konvention für den Luftverkehr (Convention Relating to the Regulation of Aerial Navigation) beschlossen. Sie schuf die Grundlagen für den internationalen Luftverkehr. Sie legte zum Beispiel fest, dass der Luftraum bis in den Weltraum dem Staat gehört, über dessen Territorium er sich befindet, und dass Flugzeuge dem Staat zugerechnet werden, in dem sie registriert sind. Beides war bis dahin durchaus nicht klar. Er verpflichtete die Signatarstaaten auch, ausländischen Flugzeugen auf festgelegten Luftstraßen den Überflug zu erlauben und ihnen technische Zwischenlandungen zum Tanken und für notwendige Wartungsarbeiten zu erlauben. Man legte gemeinsame Mindeststandards fest, nach denen neuen Flugzeugen die Lufttüchtigkeit bescheinigt wurde, und vereinbarte, dass Zertifikate und Lizenzen gegenseitig anzuerkennen seien. Ähnliches wiederholte sich übrigens gegen Ende des Zweiten Weltkriegs mit dem Chicagoer Abkommen und der Gründung der Weltluftfahrtorganisation ICAO.

Ein fliegendes Hotel

Die Lösung, wie man einen Flügel ohne all die energiefressenden Strippen und Stäbe bauen kann, gab es bereits seit 1910. Hugo Junkers hatte damals ein Patent für einen freitragenden Flügel angemeldet. Die nach diesem Prinzip in der Dessauer Badeofenfabrik Junkers & Co. gefertigte Junkers J1 kann man getrost als Urmodell aller modernen Flugzeuge ansehen. Mit seinem aerodynamisch sauberen Flügel, der nicht mit Stoff beplankt war, sondern dessen Haut aus zehntel Millimeter dünnem Blech bestand und dem Flügel Steifigkeit gab, wies dieser Mitteldecker dem Flugzeugbau eine neue Richtung. Junkers war Wissenschaftler, Ingenieur, Unternehmer und Freigeist. Er glaubte fest, dass der Luftverkehr die Menschen zueinander bringen und so die Welt zum Guten verändern könne: »Vor allem friedliche Bestrebungen zu fördern, wird mein Hauptziel sein.« Als später Flugzeuge mit Hakenkreuz am Leitwerk, die seinen Namen trugen, in Europa Angst und Schrecken verbreiteten, war er längst tot und sein Unternehmen im Besitz des Nazistaates.

Junkers war zu sehr Unternehmer, um nicht einen klaren Blick auf die wirtschaftlichen Notwendigkeiten des Luftverkehrs zu haben. Um Langstreckenverkehr mit Aussicht auf Gewinn betreiben zu können, braucht man große Flugzeuge. Im Jahr1924 präsentierte Otto Mader, einer der wichtigsten

Vertrauten Junkers und Leiter seiner Forschungsanstalt, anlässlich der Vollversammlung des VDI (Verein Deutscher Ingenieure) in Hannover den Entwurf eines revolutionären Flugzeugs für den Langstreckenverkehr. Die J 1000 war radikal. Sie war die konsequente Umsetzung von Junkers' Patent dem Jahr 1910. Neben dem freitragenden Flügel bezog es sich auch darauf, dass die Tragflügel ganz oder teilweise als »zur Aufnahme von Konstruktionsteilen, Personen, Nutzlasten dienende Hohlkörper ausgebildet sind«. In den immerhin 80 Meter langen und bis zu 2,30 Metern dicken Flügeln sollten 80, nach anderen Angaben 100 Passagiere sehr komfortabel Platz finden. Komfortabel heißt in Suiten samt Schlafkabine und kleinen Salons mit Ausblick durch die Flügelnase nach vorn.

Dort würden sie auch das Höhenleitwerk sehen, denn die J 1000 war ein sogenanntes Entenflugzeug wie es bereits der Wright Flyer gewesen war. Bei konventionell ausgelegten Flugzeugen erzeugt die Höhenflosse beständig Abtrieb, weil der Masseschwerpunkt aus Gründen der Stabilität stets vor dem Auftriebsschwerpunkt liegen muss. Diesem Nickmoment muss das Höhenleitwerk beständig entgegenwirken. Bei einem Entenflugzeug dagegen trägt die Höhenflosse als eine Art zweiter Flügel zum Auftrieb bei statt ihn zu vernichten, was sich positiv auf den Gesamtwiderstand auswirkt.

Die errechnete Reichweite von 1.700 Kilometern hätte für eine Nonstop-Überquerung des Atlantiks zwar nicht ausgereicht, aber Junkers ließ bereits eine Streckenführung über Island, Grönland und Neufundland untersuchen. Als er 1924 in die USA reiste, nahm er ein Modell der J 1000 mit und versuchte Henry Ford für das Projekt zu gewinnen. Die Junkers Werke hätten die

Mit 80 Metern Spannweite sollte die Junkers J 1000 wahrhaft gigantische Dimensionen haben. Sie war für 100 Passagiere ausgelegt. Das Projekt wurde zwar nie verwirklicht, aber viele Details flossen in die Entwicklung der Junkers G 38 ein, dem größten Landflugzeug seiner Zeit.

Die G 38, hier auf dem Flughafen Halle/Leipzig, war von 1930 bis 1939 bei der Lufthansa im Einsatz.

Finanzierung aus eigener Kraft nicht leisten können. Ford biss aber nicht an. Dafür war die amerikanische Öffentlichkeit von diesem visionären Projekt umso mehr begeistert. Noch sieben Jahre später widmete die Zeitschrift *Popular Mechanics* der »Giant Duck« einen großen Bericht mit vielen detaillierten Zeichnungen.

Die Idee von Hugo Junkers, ein Flugzeug zu bauen, bei dem alles eliminiert war, was nicht dem Auftrieb diente und nur Widerstand verursachte, war damit keineswegs tot. Aber Junkers musste einsehen, dass die J 1000 ein viel zu großer Sprung an Größe und Technologie war. Den Zwischenschritt sah die staunende Luftfahrtwelt am 6. November 1929 mit der G 38 am Himmel über Dessau. Sie war das mit Abstand größte Landflugzeug, das die Welt bis dahin gesehen hatte. Bei 44 Metern Spannweite, soviel wie ein Airbus A310, war sie nur 21,45 Meter lang, denn der Rumpf diente tatsächlich nur als Träger für das mächtige Kastenleitwerk, das aus einer doppelstöckigen Höhenflosse mit drei Seitenflossen bestand. Angetrieben wurde der Riese von vier Motoren, die entgegen der gängigen Praxis vollständig in den Flügel integriert waren. Dort waren sie durch einen zwei Meter hohen Gang sogar während des Fluges für Wartungsarbeiten zugänglich. Die Leistung der Motoren wurde über Fernwellen auf die Propeller übertragen. Anfängliche waren die beiden äußeren Triebwerke nur halb so stark wie die beiden inneren. Doch die insgesamt 2.400 PS erwiesen sich als zu wenig für den Riesenvogel. Deshalb wurden sie später ausgetauscht, so dass insgesamt 3.200 PS zur Verfügung standen. Bei einem maximalen Startgewicht von bis 24,5 Tonnen konnte die G 38 bis zu elf Tonnen Nutzlast laden. Vollbeladen hatte sie eine Reichweite von 775 Kilometern. Zu den Weltrekorden, die die G 38 aufstellte, gehört auch der erste Flug mit fünf Tonnen Nutzlast über eine Entfernung von mehr als 500 Kilometern

Die gesamte Kabine befand sich zwischen und in den beiden Flügelhälften, die beiden Fenster im Rumpf, die man auf manchen Fotos hinter dem Flügel sieht, sind gehören zur Kabinentür. Nur 13 Sitzplätze hatten Junkers und sein Chefkonstrukteur dem Riesen spendiert, weil Junkers vor allem in der Luftfracht großes Potential sah, was sich aber bald als Fehleinschätzung herausstellte. Daraufhin wurde das Innere umkonstruiert, so dass nun auf zwei Etagen für 30, später sogar 34 Gäste Platz war. Der Raum für Gepäck und Fracht befand sich unter der Passagierkabine und war so ausgelegt, dass er im Falle einer Bruchlandung als Puffer diente. Die Kabine selbst war luxuriös. Durch die Flügelnase und die Fenster in der Rumpfspitze genossen die vorn sitzenden Passagiere einen vorzüglichen Blick. Der Komfort an Bord war so groß, dass die Gäste die G 38 als das »fliegende Junkers-Hotel« bezeichneten.

Nach Zulassung und Streckenerprobung übernahm die Deutsche Luft Hansa, wie sie sich damals schrieb, am 7. Mai 1930 die erste G 38 in Betrieb. Eine zweite mit einem um knapp zwei Meter verlängerten Rumpf folgte am 1. Juli 1932. Die erste G 38 mit dem Kennzeichen D-AZUR stürzte im Jahr 1936 infolge eines Wartungsfehlers wenige Minuten nach dem Start in Dessau ab. Die siebenköpfige Besatzung, unter ihnen Junkers Chef-Testpilot Wilhelm Zimmermann kam mit Verletzungen davon. Die zweite G 38 versah ihren Liniendienst und bewährte sich dabei hervorragend, bis sie 1939 für militärische Kampfeinsätze genutzt wurde. Sie wurde im Mai 1941 in der Nähe von Athen bei einem Luftangriff zerstört. Nach rund 7.000 Stunden und 1,4 Millionen Flugkilometern urteilte Flugkapitän Otto Brauer später: »Ich habe noch niemals ein Verkehrs- oder Militärflugzeug geflogen, welches derart ausgezeichnete Flugeigenschaften aufzuweisen hat.« Außer den beiden Junkers-Originalen baute Kawasaki in Lizenz noch sechs als Bomber ausgerüstete Exemplare. Auch von ihnen überstand keines den Krieg.

Auf neuen Flügeln

Die G 38 hatte einerseits das von Junkers entwickelte aerodynamische Konzept des dicken Flügels bestätigt, zugleich aber auch die Grenzen aufgezeigt. Reisegeschwindigkeiten jenseits von 200 km/h waren wegen des hohen Luftwiderstandes illusorisch. Die aber waren für echte Langstreckenflüge im Linienverkehr unerlässlich. Keinem Passagier war es zuzumuten, 20 Stunden und mehr in einem Flugzeug zu verbringen, um den Atlantik zu überqueren. Da würde man gleich einen Zeppelin nehmen können, der zwar noch etwas langsamer unterwegs war, aber ungleich mehr Reisekomfort bot. Die Wissenschaft, in Deutschland, vor allem die Aerodynamische Versuchsanstalt in Göttingen unter Ludwig Prandtl, hatte inzwischen den Weg zu dünneren, widerstandarmen Profilen gewiesen und damit zu höheren Geschwindigkeiten. Alle Junkers-Flugzeuge nach der Ju 52 folgten diesem neuen Prinzip.

Die Wende von den 1920er- zu den 1930er-Jahren war eine Zeit des technologischen Umbruchs; innerhalb weniger Jahre veränderten Flugzeuge ihr Aussehen grundlegend. Das von Hugo Junkers entwickelte Prinzip des freitragenden Flügels setzte sich überall durch. Die Ära der Doppeldecker ging zu Ende. Ihr Schluss- und Höhepunkt in

Am 10. April 1930 stellte Junkers-Chefpilot Wilhelm Zimmermann beim Zulassungsflug der G 39 mit dem Kennzeichen D-2000 gleich mehrere Weltrekorde auf. Mit fünf Tonnen Zuladung an Bord legte er die Strecke Dessau–Leipzig mit einer Geschwindigkeit von 184,5 km/h zurück und im weiteren Verlauf des Fluges die 500 Kilometer mit 172,9 km/h. Die Flugdauer über die Gesamtdistanz von 501,6 Kilometern betrug 3 Stunden und 2 Minuten. Noch nie zuvor hatte ein Flugzeug eine so lange Strecke mit so viel Nutzlast absolviert und noch nie war eines mit so viel Fracht an Bord so lange in der Luft.

An Bord des riesigen Doppeldeckers Handley Page H.P.42 der Imperial Airways ging es für die bis zu 24 Passagiere recht komfortabel zu. Das musste es aber auch, denn bei einer Reisegeschwindigkeit von 160 km/h und 800 Kilometern Reichweite, brauchte man viele Hopser, um von London nach Kapstadt zu kommen.

der kommerziellen Luftfahrt war die riesige Handley Page H.P.42. Sie wurden auf Wunsch von Imperial Airways gebaut. Die Gesellschaft war 1924 in London gegründet worden, um das Mutterland auf dem Luftweg mit seinen Kolonien zu verbinden. Die anfänglich eingesetzten kleinen, bis zu sechssitzigen Flugzeuge reichten schon bald nicht mehr, denn Reiseberichte in der Presse sorgten dafür, dass nicht nur Geschäftsleute, Forscher und Kolonialbeamte zu den Passagieren zählten, sondern zunehmend auch wohlhabende Touristen. Die Flugtouristik war geboren. Wie ein gigantisches Y legte sich das Streckennetz von Imperial über das britische Kolonialreich, mit London als Ausgangs und Kairo als zentralem Umsteigepunkt. Von dort ging es entweder über die Ostroute mit vielen Zwischenstopps über Delhi, Bangkok und Singapur nach Brisbane. Die Südroute führte von Kairo nach Kapstadt. Die Reise von London ans andere Ende der Welt dauerte so nicht mehr Wochen, sondern nur noch Tage.

Handley Page entwickelte dafür einen viermotorigen Doppeldecker mit 40 Metern Spannweite. Er konnte 24 Passagieren mit einigem Komfort an Bord nehmen und hatte eine Reichweite von 800 Kilometern. Für die benötigte die H.P.42 rund acht Stunden. Die Passagierkabine war zweigeteilt. In der Mitte befanden sich der Raum für Post und Gepäck. Von den ursprünglich elf bestellten Flugzeugen wurden acht gebaut, bevor sich Imperial und Handley Page über den Preis für die Motoren zerstritten. Die Maschinen waren von 1931 bis 1939 im Linieneinsatz bevor sie durch die modernere und schnellere Armstrong Whitworth Ensign ersetzt wurde.

Über den Atlantik

Nachdem die Nazis Hugo Junkers enteignet hatten, rückten in Dessau militärische Projekte in den Vordergrund. Im Rahmen der Aufrüstung schrieb die Luftwaffe 1935 einen Wettbewerb für einen strategischen Bomber

aus, dessen Ergebnis die viermotorige Ju 89 war, die 1937 erstmals flog. Noch während des Wettbewerbes, den am Ende Heinkel gewann, begann Junkers mit der Entwicklung eines Verkehrsflugzeuges, das Flügel und Leitwerk der Ju 89 mit einem geräumigen Rumpf verband. Die Ju 90, die den Beinamen »Der große Dessauer« erhielt, hatte eine Spannweite von 35,3 Metern, ein Startgewicht von 23 Tonnen und 40 Sitzplätze. Ihre Reichweite betrug 1.500 Kilometer, die das Flugzeug in knapp fünf Stunden zurücklegte. Lufthansa, wie das Unternehmen seit 1933 hieß, erhielt bis 1940 insgesamt zehn Maschinen. Alle wurden im Laufe des Krieges zerstört, ebenso die acht Flugzeuge, welche die Junkers Werke direkt als Transporter an die Luftwaffe geliefert hatte.

Genau acht Tage nach dem Jungfernflug der Ju 90, hob in Bremen ein Flugzeug ab, das zwar etwas kleiner war, aber ungleich eleganter. Die viermotorige Focke-Wulf Fw 200 Condor war mit ihrem schlanken Rumpf ein echter Hingucker. Basierend auf einer Ausschreibung der Lufthansa von 1936 hatte Focke-Wulf das Flugzeug auf eigene Rechnung als Ersatz für deren robuste, extrem zuverlässige, aber langsame Ju 52 entwickelt. Mit 60 Maschinen waren diese das Rückgrat der Kranich-Flotte. Mit 15 Sitzplätzen wurde sie angesichts der wachsenden Zahl der Passagiere allmählich auch zu klein. Und dann waren da die Langstreckenträume. Als Land ohne Kolonien war Deutschland darauf angewiesen, eigene Handelsbeziehungen aufzubauen. Dazu gehörten nun einmal schnelle Verbindungen für Menschen und Post. Und dann gab es noch die politische Dimension. Wie vor dem Ersten Weltkrieg die Handelsflotte auf den Weltmeeren, so sollten die Flugzeuge der staatlichen Lufthansa Flaggenträger sein für die Großmachtambitionen der Nazis.

Die Fw 200 Condor war in einer anderen Liga unterwegs als die Tante Ju. Nicht nur war sie doppelt so groß, sie flog höher,

Die Focke-Wulf Fw 200 Condor war eine elegante Erscheinung. Tausende Menschen erwarteten sie, als sie am 11. August 1938 nach ihrem Rekordflug über 6.371 Kilometer auf dem Floyd-Bennett-Flughafen in New York landete. Im Liniendienst konnte sie mit 30 Passagieren 1.500 Kilometer weit fliegen.

Der kreisförmige Rumpfquerschnitt der Sud-Est SE.2010 hatte einen Durchmesser von 4,70 Metern, beinahe ein Meter mehr als eine A320. Man hatte ihn während der Entwicklung extra vergrößert, um Raum für Schlafkojen zu schaffen. Das aber kostete so viel Reichweite, dass Air France das Flugzeug nicht mehr haben wollte.

beinahe doppelt so schnell und bot viel mehr Reichweite. Wie viel, das stellte sie am 10. August 1938, nicht einmal ein Jahr nach dem Erstflug unter Beweis. Die Besatzung bestehend aus Flugkapitän Alfred Henke, Rudolf von Moreau, Paul Dierberg und Walter Kober flog mit ihr nonstop von Berlin-Staaken nach New York. 6.371 Kilometer. So weit war noch kein Passagierflugzeug zuvor geflogen. Exakt 24 Stunden, 56 Minuten und 12 Sekunden brauchte das Flugzeug für die Strecke. Zurück mit Rückenwind ging es in knapp unter 20 Stunden mit einer Durchschnittsgeschwindigkeit von 321 km/h. Nur wenige Wochen nach der Rückkehr folgte am 28. November 1938 der nächste Rekordflug: Berlin – Tokio mit Zwischenlandungen in Basra, Karachi und Hanoi, 13.844 Kilometer in 46 Stunden und 18 Minuten. Das Risiko, dass Focke-Wulf eingegangen war, trug Früchte: Lufthansa bestellte 25 Flugzeuge.

Eigentlich hatte die Atlantiküberquerung der Condor nur die erste Etappe einer noch viel größeren Reise sein sollen. Geplant war, das Flugzeug in den USA verschiedenen Fluggesellschaften vorzustellen und dann den Pazifik mit Ziel Tokio zu überqueren. Lufthansa war seit 1935 mit amerikanischen Behörden über Verkehrsrechte im Gespräch. Der Nordatlantik war ein aussichtsreicher Markt, nicht zuletzt wegen der vielen deutschstämmigen Einwanderer in den USA. Pan Am zeigte sich für eine Kooperation durchaus offen; ein regelmäßiger Luftverkehr zwischen Deutschland und den USA schien in Reichweite. Schien, wären da nicht Vorgänge wie die Judenverfolgung und der zunehmend aggressive außenpolitische Kurs Nazi-Deutschlands gewesen. Was die verhinderte Demo-Tour der Fw 200 betraf, deren spektakulärer Rekordflug selbst in der amerikanischen Fachpresse nur mäßige Resonanz gefunden hatte, kamen auf Seiten der Amerikaner handfeste industriepolitische Gründe hinzu, nämlich der Schutz der eigenen Luftfahrtindustrie.

1.300.000 Niete

Dabei hätte diese sich gar nicht zu verstecken brauchen, denn am 7. Juni 1938 war in Kalifornien erstmals das Flugzeug gestartet, das man schon von seinem Erscheinungsbild als den ersten modernen Airliner bezeichnen kann. Denn die DC-4E hatte erstmals kein Spornrad mehr, sondern ein voll einziehbares Dreibein-Fahrwerk, wie wir es von heutigen Flugzeugen kennen. Außerdem war sie das erste Flugzeug, das das Innere der Flügel selbst als Kraftstofftanks nutzte und nicht mehr in die Flächen eingebaute separate Tanks. Sie wurden nicht mehr von oben befüllt, sondern, wie es bis heute Standard ist, von unten. Was die grundsätzliche Bauweise einschließlich der Flügelgeometrie betrifft, war die DC-4E die viel größere Schwester der DC-3. Ihre Spannweite betrug mit 42 Metern mehr als das eineinhalbfache, ihr Abfluggewicht mit 30 Tonnen mehr als das Doppelte. United, American Airlines, Eastern Air Lines,

Pan Am sowie TWA hatten jeder 100.000 Dollar auf den Tisch gelegt, um die Entwicklung zu finanzieren. Die Fachpresse schrieb beeindruckt, man könne sich die Größe dieses Flugzeugs nicht vorstellen, bevor man nicht wisse, dass zu seinem Bau 1.300.000 Niete benötigt würden und in seinem Innern 1.778,5 Meter Seil für die Flugsteuerung sowie 6.400 Meter elektrische Leitungen verlegt seien.

Zum Einsatz kam die DC-4E nicht mehr. Ein Flugzeug wurde an die Imperial Japanese Airways verkauft. Angeblich wurde es dort nur wenige Tage nach der Ankunft bei einem Unfall zerstört. In Wirklichkeit wurde es jedoch zerlegt, um Know-how für den Bau des Langstreckenbombers Nakajima G5N zu gewinnen. Technisch abgespeckt, anfangs ohne Druckkabine und ohne das markante dreifache Seitenleitwerk, war sie im Zweiten Weltkrieg als C-54 Skymaster ein wichtiges Transportflugzeug und machte danach als DC-4 zivile Karriere. In Europa war es bei KLM, Air France, Swissair, SAS und Sabena im Einsatz.

Der französische Riese

Das größte Passagierflugzeug der Kolbenmotor-Ära, das auch tatsächlich zum Einsatz kam, war jedoch die Sud-Est SE.2010 Armagnac. Schon 1942 hatte Air France die Anforderungen für ein Flugzeug für den Transatlantikverkehr formuliert. Gleich nach Kriegsende begann Sud-Est mit der Entwicklung. Am 2. April 1949 fand der Erstflug statt. Angetrieben wurde die Armagnac von den stärksten Kolbenmotoren die je für ein Serienflugzeug verwendet wurden, vier Pratt & Whitney R-4360-B13 Wasp Major mit je 3.200 PS. Mit 48,95 Metern Spannweite, einer Länge von 39,6 Metern und einem Abfluggewicht von 77,5 Tonnen bot sie bis zu 160 Passagieren Platz. Ihre Reichweite blieb mit 5.120 Kilometern um beinahe tausend Kilometer hinter den Wünschen von Air France zurück. Um den Nordatlantik zu jeder Jahreszeit sicher überqueren zu können, war das zu wenig. Deshalb bestellte Air France die 15 Flugzeuge, die sie geordert hatte, 1952 auch ab. Neun Flugzeuge wurden schließlich gebaut und von der Fluggesellschaft TIA, der späteren UTA, eingesetzt. Sie waren zu groß und deshalb nicht profitabel. Sieben flogen bis 1954 Fracht, Post und Soldaten zwischen Frankreich und seiner Kolonie Indochina, den heutigen Vietnam. Die meisten Flugzeuge wurden 1955 verschrottet, zwei allerdings flogen 1956 die französischen Teilnehmer zu den Olympischen Spielen in Sydney. Legendär ist der Funkspruch eines Piloten der Trans Australian Airlines, dem die Fluglotsen in dieser weitgehend radarlosen Zeit gebeten hatten, die Position der beiden Armagnac zu melden: »Wenn ihr den fliegenden Wohnblock meint, dann befinden er sich gerade unter uns.« 1975 wurde die letzte Armagnac in Bordeaux verschrottet. Wieder einmal war ein einzigartiges Stück Luftfahrtgeschichte unwiederbringlich verloren.

Weil die DC-4E den Fluggesellschaften zu groß und zu komplex war, entwickelte Douglas Aircraft die DC-4. Der Erstflug war am 14. Februar 1942. Als C-54 Skymaster war sie zunächst vor allem als Militärtransporter im Einsatz. Im November 1946 erhielt Swissair die erste von vier DC-4. Später kam eine entmilitarisierte Skymaster hinzu.

Die Do X war ein technisches Meisterwerk. Ihr maximales Startgewicht betrug 52 Tonnen. Das Flugboot verfügte über drei Decks und bot Eleganz und Annehmlichkeiten, wie man sie nur von Schiffen oder vom Zeppelin kannte: Schlafkabinen, einen Rauchsalon, einen Gesellschaftsraum und eine Bar. Um Zweifler Lügen zu strafen, unternahm Claude Dornier noch vor ihrer Zulassung einen einstündigen Demonstrationsflug mit insgesamt 169 Menschen an Bord.

Die Zukunft (f)liegt auf dem Wasser

Es kam nicht von ungefähr, dass Thomas W. Benoist seine Fluglinie nicht zwischen zwei Flugplätzen einrichtete, sondern mit einem Wasserflugzeug zwischen zwei Häfen. Flugplätze waren rar und blieben es vor allem außerhalb Europas und Nordamerikas für viele Jahre. Erfunden hat die Wasserfliegerei Henri Fabre, Sohn einer Reederfamilie aus Marseille und verheiratet mit einer Urenkelin der Brüder Montgolfier, den Erfindern des Heißluftballons. Er flog am 28. März 1910 mit einem von ihm konstruierten Flugzeug auf dem Etange de Berre in Südfrankreich. Der Start erfolgte zwar von Land, die Landung aber auf dem Wasser. Auch die ersten Boeing-Flugzeuge standen auf Schwimmern. Die berühmte Red Barn, die Keimzelle des Branchenriesen, die heute Teil des Museums of Flight am Rande des King County International Airport in Seattle ist, stand ursprünglich gut zehn Kilometer nördlich am Ufer des Lake Union.

Zu denen, die Fabre kontaktierten, um sein Patent für die Schwimmer zu nutzen, gehörte Glenn Curtis. Am 26. Januar 1911 startete er mit dem von ihm konstruierten Wasserflugzug in Hafen von San Diego, landete neben dem Schlachtschiff »Pennsylvania«, ließ das Flugzeug an Bord hieven, wieder absetzen und flog zur Küste zurück. Er hatte damit eine Methode demonstriert, die später helfen sollte, bei Postflügen über den Atlantik die mangelnde Reichweite der Flugzeuge auszugleichen. Lufthansa stationierte Spezialschiffe im Atlantik, auf denen die Flugzeuge aufgetankt wurden und dann per Katapult zu ihrer nächsten Etappe starteten.

Als die Interalliierte Luftfahrtkommission nach dem Ende des Ersten Weltkriegs das Zeppelin-Werk in Friedrichshafen inspizierte, stieß sie dort auf den größten Eindecker der Welt, wusste die amerikanische Zeitschrift *Aviation and Aeronautical Technology* zu berichten. Das Flugzeug sei komplett aus Duraluminium gebaut. Bemerkenswert sei die Auslegung. Es stehe nicht auf Schwimmern; als Flugboot nutze es vielmehr den Rumpf, um im Wasser den notwendigen Auftrieb zu erzeugen. Vier Maybach-Motoren mit zusammen 1.080 PS sollten dem Riesen nach den vorgefundenen Unterlagen eine Geschwindigkeit von 150 km/h verleihen.

1914 hatte Ferdinand Graf Zeppelin den Leiter seiner Versuchsabteilung Claudius Dornier beauftragt, analog zu den Riesenflugzeugen, die in der Versuchsanstalt Gotha entstehen sollten, ein Riesenflugboot zu entwickeln. Der junge Ingenieur war seit 1910 im Unternehmen und hatte sich bereits dadurch ausgezeichnet, dass er eine drehbare Halle für die Zeppelin-Luftschiffe entwickelt hatte. Bei dem Fund der Kommission handelte es sich um die RS IV, das vierte Flugzeug dieser Bauart, das seither entstanden war. Es war am 12. Oktober 1918, wenige Wochen vor Kriegsende erstmals geflogen. Es wurde 1919 für einen zivilen Einsatz umgebaut und hätte 20 Passagiere befördern können, auf Befehl der Alliierten musste es 1921 zerstört werden. Seinen ebenso großen Vorgänger, die RS III, schleppte die Marine auf die Nordsee hinaus und versenkte ihn dort.

Die technische Machbarkeit eines riesigen Flugbootes hatte Dornier mit der Rs-Reihe hinlänglich bewiesen, und er war überzeugt, dass Flugboote im Weltluftverkehr eine große Rolle spielen würden. Mit dem zweimotorigen Dornier Wal gelang ihm ein großer Wurf. Das Flugboot wurde in seinen verschiedenen Versionen über 250-mal gebaut. Der Polarforscher Roald Amundsen flog 1925 mit

Am 27. August 1931 traf die Do X in New York ein. Auf ihrer Vorführungstour durch Europa und Südamerika und nach New York war sie die Riesenattraktion. Auch sie blieb ein Einzelstück, denn für Linienverkehr auf Langstrecken hatte sie nicht genug Reichweite. Außerdem waren ihre Betriebskosten für einen kommerziellen Einsatz viel zu hoch.

zwei Walen zum Nordpol, und die Lufthansa richtete mit ihm einen Postdienst über den Atlantik ein. Insgesamt gab es 348 Atlantiküberquerungen mit dem Wal, was für damalige Zeit eine unerhörte Leistung war. Noch beeindruckender ist aber, dass dabei nur ein Flugzeug verloren ging.

Schon 1924 begann Dornier mit ersten Planungen für ein großes Flugboot für den Langstreckenverkehr. Trotz ihrer spektakulären Reichweite und Zuladung war abzusehen, dass Luftschiffe nicht das Rückgrat des Interkontinentalverkehrs mit Passagieren bilden würden. Zu aufwändig war ihr Betrieb und zu aufwändig die Infrastruktur, die am Boden benötigt wurde. Flugzeuge dagegen versprachen ein viel größeres Geschwindigkeitspotenzial und damit auch eine größere Produktivität und Wirtschaftlichkeit.

Mit der Do X stieß Claudius Dornier in eine völlig neue Dimension vor. Sie war kein Luftschiff, sondern ein Schiff der Lüfte, der Superjumbo ihrer Zeit. Zwar war die Spannweite mit 48 Metern nicht größer als die der Rs 4, aber um das Startgewicht von 52 Tonnen zu tragen, bedurfte es eines Flügels mit einer Fläche von 480 Quadratmetern. Auf diesem befanden sich sechs Motorgondeln mit jeweils einem Paar Curtis-Triebwerken mit je 640 PS. Jede Gondel hatte einen Zug- und einen Druckpropeller. Ein Bordmechaniker konnte durch einen Gang im Flügel zu den einzelnen Gondeln gelangen und die Motoren unterwegs warten.

Der riesige Flügel saß auf einem nicht weniger gigantischen, dreistöckigen Rumpf, der vom Bug bis zum Leitwerk 40 Meter maß. Im luxuriös ausgestatteten Hauptdeck fanden die Passagiere Schlafkabinen, einen Rauchsalon, einen Gesellschaftsraum und eine Bar. Auf diesem Deck waren auch Gepäck und Fracht untergebracht. Darüber befand sich das Flugdeck, das mehr der Kommandobrücke eines Ozeanriesen ähnelte als einem Cockpit. Das Unterdeck wurde für technische Systeme genutzt und für den Treibstoffvorrat von 23.300 Litern, der dem Koloss eine Reichweite von 1.700 Kilometern verlieh. Am 12. Juli 1929 machte die Do X auf dem Bodensee ihren ersten Flug. Um Zweifel zu zerstreuen, ob dieser Riese überhaupt eine nennenswerte Nutzlast würde tragen können, unternahm Dornier am 21. Oktober 1929 mit zehn Besatzungsmitgliedern sowie 159 Mitarbeitern und ihren Familienmitgliedern einen Rundflug von beinahe einer Stunde. Es dauerte 20 Jahre, bis dieser Rekord überboten wurde. Um die Entwicklungskosten zu decken, verkaufte Dornier das Flugzeug an das Reichsverkehrsministerium.

Im Januar 1930 startete die Do X zu einer Vorführungstour durch Europa, nach Südamerika und in die USA. Am 27. August 1931 erreichte sie New York, wo sie mit großem Jubel empfangen wurde. Nach der Überwinterung ging es zurück nach Berlin, wo das Flugzeug auf dem Müggelsee landete. Auf seiner anschließenden Tournee durch

Deutschland im Sommer 1932 zog es über eine Million Zuschauer an. Die Welt staunte, aber abgesehen von zwei Bestellungen aus Italien wollte niemand das Flugzeug kaufen. Die Weltwirtschaftskrise, unter der auch die Fluggesellschaften litten, war einfach ein schlechter Zeitpunkt. Die Lufthansa gratulierte zwar artig zur Atlantiküberquerung, erwog aber nie einen Kauf. Man sah die Kosten für Anschaffung und Betrieb als viel zu hoch an. Das schnelle Ende für die Do X, für die auch kein militärischer Verwendungszweck absehbar war, kam, als sich auch in der Politik der Wind drehte. 1933 wurde das Flugboot in Travemünde zerlegt und als Ausstellungsstück nach Berlin gebracht. Den Zweiten Weltkrieg und die Wirren der unmittelbaren Nachkriegszeit überlebte es nicht. Die beiden nach Italien verkauften Exemplare wurden schon 1937 verschrottet.

Der Zeit zu weit voraus

Auch anderorts hatte man das Potential großer Flugboote erkannt. Nicht überall gelang die technische Umsetzung. Der spektakulärste Fehlschlag war die Ca.60 Transaero, des italienischen Konstrukteurs Giovanni Battista Caproni. Dieser hatte im Ersten Weltkrieg unter anderem große Bomber mit fast zwei Tonnen Zuladung für die italienische Luftwaffe gebaut. Er ließ 1921 ein Flugboot für 100 Passagiere bauen, das von neun Tragflügeln mit einer Spannweite von je 30 Metern in der Luft gehalten werden sollte. Sie befanden sich in Dreidecker-Konfiguration an einem 23,5 Meter langen Rumpf, ein Satz vorn, einer in der Mitte und einer am Heck. Das von zwölf Motoren mit zusammen 3.200 PS angetriebene Monstrum machte am 2. März 1921 einen wenige Sekunden dauernden Jungfernflug und stürzte zwei Tage später bei seinem zweiten Flug wenige Sekunden nach dem Abheben ab.

Die Caproni Ca.60, inoffiziell auch Capronissimo genannt, war ein gigantischer Fehlschlag. Sie wurde beim zweiten Testflug zerstört. Die ganze Konstruktion war aerodynamisch einfach nicht stabil. Nach diesem Misserfolg beschränkte sich Giovanni Battista Caproni darauf, Leichtflugzeuge und Transportflugzeuge für das italienische Militär zu bauen.

Capronis Ambitionen waren dem Stand der Technik – und dem des Luftverkehrs – ein gutes Jahrzehnt voraus. Die große Zeit der Flugboote kam erst Mitte der 1930er-Jahre. So gesehen war auch Dornier mit der Do X schlicht zu früh dran. Wenn Lufthansa die Do X wegen ihrer mangelnden Wirtschaftlichkeit kritisierte, dann heißt das eben auch, dass es nicht genug Menschen gab, für die der Faktor Zeit so wichtig und kostbar war, dass sie bereit gewesen wären, entsprechend hohe Ticketpreise zu akzeptieren.

Anders sah es bei der Postbeförderung aus. Diplomatische Depeschen, geschäftliche Korrespondenz und natürlich Austausch von Informationen zwischen den Verwaltungen der Kolonialstaaten mit den Kolonien waren vielfach zeitkritisch. Schon der britische Bankier Nathan Meyer Rothschild hatte gezeigt, dass ein Informationsvorsprung ein Vermögen wert sein konnte. Dank seiner Brieftauben wusste er noch vor der britischen Regierung, dass Napoleon die Schlacht von Waterloo gegen Briten und Preußen verloren

Die Latecoère 631 ist das größte Flugboot, das je von einer Fluggesellschaft betrieben wurde. Ihre Spannweite ist nur drei Meter kürzer als die eines Airbus A330. Sie war ein beeindruckendes Flugzeug, erwies sich aber als unzuverlässig und unsicher. Zwischen 1948 und 1955 stürzten vier der zehn gebauten Flugzeuge ab.

hatte, kaufte in Erwartung steigender Kurse in großem Stil Wertpapiere und verdiente ein Vermögen, als die Börsenkurse in den Himmel schossen, nachdem der Rest der Geschäftswelt des glücklichen Ausgangs der Schlacht gewahr wurde.

Kein Wunder also, dass Luftpost in den 1920er- und 1930er-Jahren ein wichtiger Treiber für die Entwicklung des Luftverkehrs war. Selbst in den USA, die damals im Gegensatz zu heute über ein gut ausgebautes Eisenbahnnetz verfügten, das Ost- und Westküste verband, übernahm das Flugzeug die Rolle der Postkutsche. Zu den besonders aktiven Akteuren auf diesem Gebiet gehörte Frankreich. Über die Verbindungen zu seinen Kolonien hinaus sicherte es sich in anderen Ländern das Luftfahrtmonopol, so zum Beispiel in Argentinien und 1930 auch in Portugal. In beiden Ländern ging das alleinige Recht zur Beförderung von Passagieren, Fracht und Post an die französische Fluggesellschaft Aéropostale. Erster Betriebsdirektor der Aéropostale Argentine wurde 1929 Antoine de Saint-Exupéry, der Verfasser des »Kleinen Prinzen«. Seine Erlebnisse als Postflieger hat er in mehreren Romanen verarbeitet. Gründer der Aéropostale war der Industrielle Pierre-Georges Latécoère. Sie nahm 1918 ihren Betrieb auf der Strecke Toulouse – Barcelona auf. Später reichten die Verbindungen über Dakkar, Rio und Buenos Aires bis nach Santiago de Chile und später bis Feuerland. Ein Brief von Paris nach Santiago der Chile brauchte mit Aéropostale 1927 nur vier Tage.

Bereits während des Krieges hatte Lattécoère Flugzeuge in Lizenz gebaut und damit den Grundstein für die Luftfahrtindustrie in und um Toulouse gelegt. Das Unternehmen hat dort heute noch seinen Sitz und ist ein wichtiger Zulieferer für alle großen Flugzeughersteller der Welt. Die Liste der Flugzeuge, die Latécoère entwickeln ließ, ist lang. Überwiegend waren es Flugboote oder Flugzeuge, die mit Schwimmern ausgestattet waren. Am 12. Mai 1930 machte eine einmotorige Latécoère 28 die erste Nonstop-Überquerung des Südatlantiks. 1936 gab die französische Luftfahrtbehörde Direction Générale de l'Aviation Civile die Spezifikation für ein Flugboot für

Mit der Martin M-130 eröffnete Pan Am im November 1935 den Liniendienst über den Pazifik. Historiker vergleichen die Bewältigung der 13.100 Kilometer langen Strecke von San Francisco nach Manila in einer Zeit ohne Funknavigation mit der Landung auf dem Mond. So galt es auf das für einen Tankstopp notwendige winzige Atoll Wake Island zu treffen, dessen höchster Punkt gerade mal sechs Meter aus dem Wasser herausragt.

den transatlantischen Luftverkehr heraus. Es hatte 40 Sitzplätze. Daraufhin baute Latécoère das größte Flugboot, das die Welt bis dahin gesehen hatte. Spannweite: 57,4 Meter, Länge: 43,5 Meter, Startgewicht: 71 Tonnen. Gut 6.000 Kilometer Reichweite waren eine neue Bestmarke.

Rumpf, Tragflächen und Leitwerk wurden in Toulouse produziert. Von dort wurden die Komponenten über Land zum rund 250 Kilometer entfernten Lac de Biscarosse gebracht, einem See im Hinterland der Côte d'Argent. Dort hatte Latécoère eine Werft für die Endmontage errichten lassen. Bevor der Riese zum ersten Mal in die Luft gehen konnte, kam der Krieg mit Deutschland. Erst nach dem Waffenstillstand konnten die Arbeiten weitergehen. Am 4. November 1942 fand der Jungfernflug der Latécoère 631 statt. Allerdings wurde das Flugzeug von den Deutschen beschlagnahmt und zum Bodensee gebracht, wo es am 7. April 1944 von britischen Tieffliegern zerstört wurde. Dasselbe Schicksal erlitt bei diesem Angriff das Konkurrenzprodukt, die SNCASE SE.200 Amphitrite, die die Deutschen ebenfalls beschlagnahmt und an den Bodensee gebracht hatten.

Während letztere nicht über das Entwicklungsstadium hinaus kam, nachdem ein weiterer Prototyp 1949 während der Flugerprobung durch eine harte Landung schwer beschädigt wurde, schaffte es die Latécoère 631 in den kommerziellen Betrieb. Sie ist das größte Passagierflugboot, das je von einer Fluggesellschaft betrieben wurde. Insgesamt wurden nach Kriegsende zehn Maschinen produziert. Air France kaufte vier davon und setzte sie auf Flügen von Biscarosse, wo ein Flughafen für Flugboote gebaut worden war, nach Martinique ein. Aber der Riese erwies sich als unzuverlässig und im Betrieb als zu teuer. Nachdem zwischen 1948 und 1955 vier Maschinen abgestürzt waren, wurden die verbliebenen Flugzeuge außer Dienst gestellt und verschrottet. Der Flughafen, der für die Latécoère 631 gebaut wurde, existiert auch heute noch und steht unter Denkmalschutz. Zwei Kilometer entfernt, am Ortsrand von Biscarosse, wo einst die Werft war, befindet sich das sehenswerte Musée de l'Hydroaviation.

Die Boeing 314 Clipper ähnelte in seiner Auslegung in vielen Punkten der Do X. Dazu gehören auch die Stummelflügel unter dem Rumpf, die das riesige Flugboot auf dem Wasser stabilisierten. Das Flugboot hatte eine Reichweite von 5.600 Kilometern. Von den zehn gebauten Exemplaren waren sieben bei Pan Am im Einsatz, drei bei der britischen BOAC.

Von San Francisco nach Manila

Wenn es um die Verbindungen zu seinen Kolonien ging, stand kein Land vor einer größeren Herausforderung als die USA. Sie hatten sich im Spanisch-Amerikanischen Krieg 1898 nicht nur Puerto Rico und Kuba unter den Nagel gerissen, sondern auch Guam und die Philippinen. Im selben Jahr annektierten sie auch das bis dahin selbständige Hawaii und machten den Pazifik damit zu ihrem Mare Nostrum. Das Problem dabei: Honolulu liegt vom amerikanischen Festland ziemlich so weit entfernt wie Neufundland von London, und von San Francisco nach Manila ist es weiter als von London nach Singapur. Dazwischen liegt von winzigen Atollen abgesehen nichts als Wasser. Der Pazifik ist riesig. Flugboote waren hier die einzige Alternative zum Schiff. Ab 1935 bot Pan Am regelmäßige Flugverbindungen nach Manila an, zunächst mit dem »China Clipper« genannten Martin M-103, später dann mit der Boeing 314 »Clipper Yankee«, einem Riesen von über 46 Metern Spannweite und einem Abfluggewicht von 37 Tonnen. Der Komfort für die 74 Passagiere an Bord war legendär. Für Flüge über Nacht konnten die Sitze zu 40 Betten umfunktioniert werden. Die grundsätzliche Auslegung ähnelte der Do X: Das Cockpit und der Raum für Funker und Navigator sowie die Räume für Gepäck und Fracht befanden sich im Oberdeck, die Passagiere reisten eine Etage tiefer. Im Bug befand sich unter anderem ein Ruheraum für die Besatzung. Und noch etwas hatte sich Boeing bei Dornier abgeschaut, die Stummelflügel unten am Rumpf, die die Schwimmer ersetzten und das Flugzeug im Wasser stabilisierten. Dank seiner Reichweite von 5.600 Kilometern und einer Reisegeschwindigkeit von knapp 300 Stundenkilometern war die Strecke San Francisco – Manila nun in wenig mehr als 24 Stunden zu schaffen. Am 7. Juni

1938 machte die Boeing 314 ihren Erstflug, am 1.April 1939 übernahm Pan Am das erste von insgesamt zwölf Flugzeugen. Drei davon wurden von der britischen BOAC betrieben. Nach Kriegende wurden alle Maschinen nach und nach außer Dienst gestellt.

Im britischen Luftfahrtministerium hatte die Gattung der Flugboote viele Fans. Vor dem Krieg hatten Imperial Airways mit ihnen zuverlässig viele wichtige Langstrecken bedient. 1946 stellte das Ministerium daher Mittel bereit, um ein modernes Flugboot zu entwickeln, einen 100-Sitzer mit Druckkabine und dem neuartigen Turboprop-Antrieb. Das Ergebnis war die Saunders Roe Princess, 140 Tonnen schwer und mit einer Spannweite größer als später die 747. Die Flugzeit von London nach Johannesburg würde sich auf 24 Stunden verkürzen, Australien in 50 Stunden zu erreichen sein, errechneten die Streckenplaner der BOAC (British Overseas Airways Corporation), die 1939 aus der staatlich angeordneten Fusion von Imperial Airways und der ersten British Airways entstanden war. Als die Princess nach endlosen Verzögerungen bei der Entwicklung der Rolls-Royce Proteus-Triebwerke am 22. August 1952 ihren Erstflug machte, war die Zeit über sie hinweggegangen. BOAC hatte kein Interesse mehr, denn inzwischen gab es die de Havilland Comet. Das Düsenzeitalter war angebrochen. Nach 46 Testflügen wurde das Programm eingestellt.

Die großen Flugboote waren Glanzleistungen der Ingenieurskunst. Sie testeten die Grenzen des technisch Machbaren und schoben sie Stück für Stück immer weiter hinaus. Dahinter stand die Vision vom Flugzeug als dem weltverbindenden Verkehrsmittel. Ihre Blütezeit währte aber nur kurz. Der Umgang mit ihnen, nachdem sie obsolet geworden waren, war nüchtern. Sie wurden ohne Umschweife als Ersatzteillager genutzt und dann verschrottet. Überlebt hat außer der Spruce Goose von Howard Hughes, die aber nie wirklich geflogen ist, nur eine riesige Martin Mars. Sie wurde 1942 als Transportflugzeug für die U.S. Navy entwickelt. Auf einem ihrer Testflüge legte sie 1943 eine Strecke von über 7.000 Kilometern zurück und hatte bei der Landung immer noch Treibstoff für mehrere Stunden Flugzeit in den Tanks. Die Navy kaufte sieben Flugzeuge. Im Zweiten Weltkrieg und im Koreakrieg leisteten sie als fliegende Lazarette wertvolle Dienste. Vergeblich versuchte der Hersteller den Airlines eine Passagierversion dieser Maschine schmackhaft zu machen. Als die Navy sich 1959 von den Flugzeugen trennte, kaufte die kanadische Forrest Industrie Flying Tankers vier von ihnen samt Ersatzteilen und rüstete sie mit Wassertanks mit einem Fassungsvermögen von mehr als 27.000 Litern aus. Man setzte sie viele Jahre als Löschflugzeug für die Bekämpfung von Waldbränden ein. Die beiden flugfähig verbliebenden Exemplare mit den Namen *Philippine Mars* and *Hawaii Mars* waren zuletzt 2015 im Einsatz. Stationiert sind sie am Sproat Lake auf Vancouver Island. Der heutige Eigentümer Coulson Flying Tankers versucht sie dort in flugfähigem Zustand zu halten, bis ein Museum als endgültiger Verbleib gefunden ist. Sie sind die letzten Zeugen eines faszinierenden Kapitels der Luftfahrtgeschichte.

Nur einmal und nur für wenige Sekunden hob die riesige Hughes H-4 Hercules aus dem Wasser ab. Der Riese besteht nicht aus Metall, sondern aus laminiertem Birkenholz. Sein Konstrukteur, der exzentrische Milliardär, Flugpionier und Filmregisseur Howard Hughes, gab ihr deshalb den Spitznamen Spruce Goose, was entweder so viel heißt wie Fichtengans oder geschniegelte Gans.

Über 117 Meter Spannweite. So groß ist kein anderes Flugzeug, kein ziviles und kein militärisches. Angetrieben von sechs Jumbo-Triebwerken wurde die Stratolaunch entwickelt, um Raketen in die Stratosphäre tragen, und sie dort zu starten.

picture alliance / ZUMAPRESS.com | Gene Blevins

Die Top Ten der Giganten

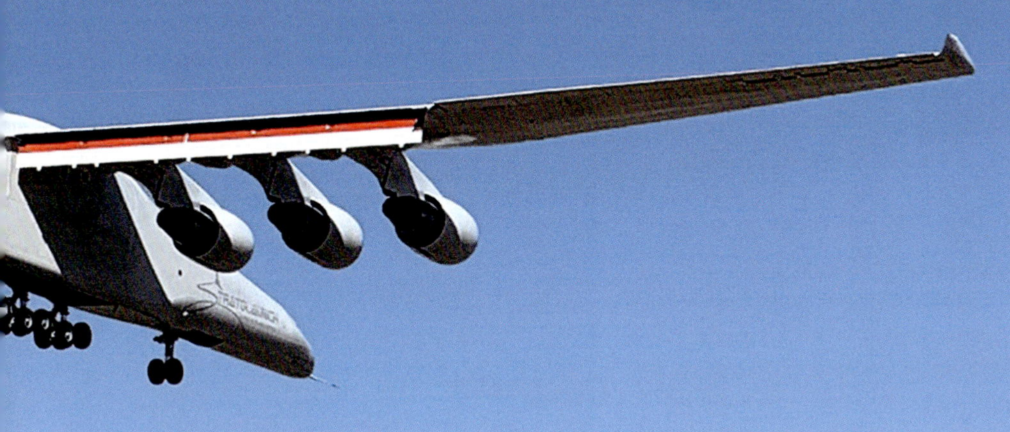

Top Ten 1

Scaled Composites Model 351 Stratolaunch

Dieses Flugzeug sprengt die Dimensionen jedes normalen Flughafens. Bei knapp der doppelten Spannweite eines Airbus A330 wäre auf keinem normalen Flughafen Platz für den Größten unter den Großen. Aber dieser Gigant mit den zwei Rümpfen wurde auch gar nicht gebaut, um Passagiere oder Luftfracht zu transportieren. Er ist vielmehr eine Art fliegendes Cape Kennedy, eine Plattform für den Start von Raketen. Man sieht diesem Mega-Jumbo die Verwandtschaft zwar überhaupt nicht an, aber in ihm steckt jede Menge Boeing-Jumbo.

Spannweite – 117,30 m
Länge – 72,50 m
Höhe – 15,00 m
Erstflug – 13.04.2019
Kapazität – 249,5 t
Max. Abfluggewicht – 589,7 t
Reichweite – 1.850 km (mit Außenlast)
Max. Geschwindigkeit – 853 km/h
Antrieb – 6 x PW4056 à 252,kN

Was macht jemand, der so viel Geld hat, dass er sich auf der Erde praktisch jeden Wunsch erfüllen kann? Unter Multimilliardären ist es in Mode gekommen, Geld in die Raumfahrt zu stecken. Wer wie Paul Allen, ehemals Partner von Bill Gates bei der Gründung von Microsoft, geschätzte 20 Milliarden Dollar schwer ist, der kann es sich leisten, einen Teil davon in eine Idee zu investieren, die den Weg ins All auf einen Schlag viel billiger machen würde.

Wegen der hohen Luftdichte in der Troposphäre verbraucht eine Rakete auf den ersten zehn Kilometern ihrer Reise ins All rund ein Viertel ihres gesamten Treibstoffvorrates. Eine fliegende Startrampe, mit der die Rakete erst in der Stratosphäre startet, würde dieses Problem lösen und dem Flugkörper gleichzeitig eine Menge Bewegungsenergie mit auf den Weg geben. Eine Rakete ließe sich daher bei gleicher Leistung viel leichter bauen, ganz abgesehen von den Einschränkungen, die aus einem festen terrestrischen Startplatz unvermeidbar resultieren.

Die Idee hatte ein Vorbild. Schon seit 1990 nutzt Orbital Science eine ehemalige Lockheed L-1011 TriStar als Startrampe. Über 40 Mal hat das Unternehmen damit für zivile und militärische Kunden bis zu 450 Kilogramm Nutzlast in eine erdnahe Umlaufbahn gebracht. Am 17. Januar 2021 schoss Richard Bransons Virgin Orbit von einer umgebauten Boeing 747-400 erfolgreich acht Forschungssatelliten in den Himmel.

Aber was sind schon eine halbe Tonne Nutzlast, wo moderne Nachrichtensatelliten das Gewicht eines Kleinlasters haben? Kein Flugzeug war dafür groß genug. Und es gab nur einen Konstrukteur, der verrückt genug sein würde, sich auf ein solches Projekt einzulassen – Burt Rutan, der Zauberer von Mojave. Rutan, Jahrgang 1943, hat, seit er sich 1974 selbstständig gemacht hatte, noch kein Flugzeug entworfen, das aussah, wie Flugzeuge nun mal aussehen. Sein Glanzstück war der Rutan Voyager, mit dem sein Bruder Dick zusammen mit Copilotin Jeana Yeager 1986 in neun Tagen nonstop die Welt umrundete.

Allen und Rutan kannten einander gut. 2004 hatten sie mit dem SpaceShip One den X Price in Höhe von zehn Millionen Dollar für den ersten privat finanzierten bemannten Raumflug gewonnen. Das Preisgeld deckte nicht mal die Hälfte der Entwicklungskosten. Aber darum ging es ja auch gar nicht.

Und nun also etwas ganz Großes. 117 Meter misst der Stratolaunch von einer Flügelspitze zur anderen. Unter dem 30 Meter breiten Mittelstück zwischen den beiden Rümpfen sollen später einmal eine oder mehrere Raketen hängen. Die beiden Rümpfe sehen aus wie die langen, weit vorgestreckten Hälse zweier Dinosaurier. Das Hauptfahrwerk mit seinen 24 Rädern besteht aus sechs 747-Fahrwerken. Auch die beiden Bugfahrwerke, die sechs Pratt & Whitney PW4056-Triebwerke mit ihren zusammen über 1.500 kN Schub, das Treibstoffsystem, Hydraulik und nicht zuletzt das Cockpit, das sich im rechten der beiden Rümpfe befindet, stammen von zwei Jumbojets, die vordem bei United Airlines flogen. In der Summe machen die von der 747 übernommenen Bauteile etwa die Hälfte des Leergewichts aus.

Paul Allan hat den Erstflug des Riesenfliegers am 13. April 2019 nicht mehr miterlebt. Er war ein halbes Jahr davor an Krebs gestorben. Der Tod seines Finanziers stürzte das ambitionierte Projekt in die Krise. Allens Erben teilten seine Vision nicht. Im Oktober 2019 wurde Stratolaunch von dem Milliardär Steve Feinberg übernommen. Er will den Giganten als Trägerflugzeug für Tests von Hyperschallflugkörpern vermarkten.

Paul Allan war ein Schulfreund von Bill Gates. Beide teilten das Interesse an Computern. Allan verließ das College, um als Programmierer für Honeywell zu arbeiten. 1975 überredete er Gates, die Harvard Universität zu verlassen und mit ihm zusammen Microsoft zu gründen. 1982 verließ er die junge Firma aus Gesundheitsgründen, behielt aber 36 Prozent der Aktien und bis 2000 einen Sitz im Aufsichtsrat. Weil er nahezu ohne eigenes Zutun vom märchenhaften Aufstieg Microsofts profitierte, nannte man ihn auch „Billionaire by default«. Er blieb bis zu seinem Lebensende 2018 mit Gates befreundet.

Top Ten 2

Hughes H-4 Spruce Goose

Die Geschichte der Luftfahrt ist voller ambitionierter Projekte, die ihrer Zeit weit voraus waren und dann doch von ihr überholt wurden. Sie kamen nicht vom Reißbrett weg oder blieben im Bau des ersten Prototyps stecken und wurden verschrottet. Der hölzerne Gigant Hughes H-4 Hercules schaffte es wenigstens in die Luft, wenn auch nur über eine Strecke von eineinhalb Kilometern. Im Evergreen Aviation Museum in McMinnville, Oregon, eine knappe Autostunde südwestlich von Portland, ist er zu besichtigen.

Spannweite – 97,82 m
Länge – 66,65 m
Höhe – 24,18 m
Erstflug – 2.11.1947
Kapazität – 68 t (2 Panzer oder 750 Soldaten)
Max. Abfluggewicht – 181,5 t
Reichweite – 4.800 km
Geschwindigkeit – 400 km/h
Antrieb – 8 x PW R-4360 Wasp Major à 2.990 PS

Howard Hughes war steinreich, exzentrisch, begabt und besessen von der Fliegerei. Mit 18 Jahren formulierte er sein Lebensziel: »Was ich werden will: Erstens der beste Golfspieler der Welt, zweitens der beste Pilot der Welt, drittens der berühmteste Filmproduzent der Welt.« Dem einen Ziel kam er mit 22 Jahren schon ziemlich nahe, als sein Film »Two Arabian Knights« den Oscar für die beste Regie erhielt. Seinen Platz in der Top-Liga der Luftfahrtpioniere erhielt er spätestens 1938, als er mit einer Lockheed Super Electra von New York aus in der unerhörten Zeit von drei Tagen, 19 Stunden und 17 Minuten die Welt umrundete. Es war bereits sein vierter Weltrekord.

Als Erbe der Hughes Tool Company, die nahezu ein Monopol auf Bohrköpfe für die Erdölindustrie hatte, schwamm er förmlich im Geld und konnte sich derlei leisten. 1932 gründete er die Hughes Aircraft Company, die heute zum Rüstungskonzern Raytheon gehört. Am Anfang des Zweiten Weltkriegs hatte die Firma vier Angestellte, am Ende 80.000.

Ein großes Problem der Alliierten war die Bedrohung ihrer Geleitzüge nach Russland und Großbritannien durch deutsche U-Boote. Zusammen mit dem Unternehmer Henry John Kaiser, der in der Nähe von San Francisco Liberty-Schiffe für eben diese Geleitzüge baute, schlug Hughes der amerikanischen Regierung den Bau eines riesigen strategischen Transportflugzeugs vor.

Sein Ruf als Luftfahrtpionier und erfolgreicher Unternehmer zog. 1942 erhielt er den Auftrag für den Bau von drei Flugbooten, deren Größe alles übertraf, was die Welt bis dahin gesehen hatte. Sie würden groß genug sein, um eine Nutzlast von 68 Tonnen, entsprechend zwei Sherman-Panzern oder 750 voll ausgerüsteten Soldaten, nonstop über den Atlantik zu bringen. Die Sache hatte allerdings einen Haken: Hughes durfte für das Projekt keine kriegswichtigen Materialien verwenden. Es blieb nur Holz als Baumaterial, nicht Fichte, wie der Spitzname Spruce Goose vermuten lassen würde, sondern Phenol-Formaldehyd-Harz-getränktes Sperrholz aus hauchdünnem Birkenholz. Querruder und Höhenruder waren stoffbespannt. Eine Novität war auch der hydraulische Antrieb für die Steuerflächen.

Weder der Zeitplan noch das Budget ließen sich halten. 1944 erreichte Hughes gegen großen politischen Widerstand, dass das Budget auf 22 Millionen Dollar für nur ein Flugzeug angehoben wurde. Erst im Juni 1946 konnte das Flugzeug, das inzwischen die Typenbezeichnung H-4 Hercules trug, vom dem 228 × 76 Meter großen hölzernen Hangar in Culver City zur Endmontage ins 45 Kilometer entfernte Long Beach umziehen. Am 2. November 1947 führte Hughes mit Journalisten aus aller Welt an Bord zwei schnelle Wasserfahrten durch; bei einem dritten Versuch brachte Hughes das Flugboot unangekündigt für etwas mehr als eine Minute in die Luft. Es blieb der einzige Flug des Giganten. Das Flugzeug war überflüssig geworden.

Hughes ließ die Spruce Goose in einem klimatisierten Hangar in Long Beach unterbringen. 300 Mitarbeiter hielten sie bis zu seinem Tod in flugfähigem Zustand, einschließlich einem monatlichen Testlauf der acht 28-Zylinder-Sternmotoren. Nachdem der Aero Club of Southern California das Flugzeug 1980 vor der Verschrottung bewahrt hatte, wurde es 1993 vom Evergreen Aviation Museum übernommen und dort von Freiwilligen restauriert. Der riesige Hangar, in dem die Spruce Goose gebaut wurde, steht unter Denkmalschutz und war unter anderem Drehort für Szenen des Films »Titanic«.

Howard Hughes stellte nicht nur mehrere Weltrekorde auf, er überlebte auch vier Flugzeugabstürze. Der erste ereignete sich mit einem Doppeldecker vom Typ Thomas-Morse Scout während eines Drehs zu seinem Film Hells Angels, der zweite während eines Weltrekordversuchs mit dem Hughes H-1 Racer. Beide gingen glimpflich aus. Im Frühjahr 1943 bereitete er sich auf dem Lake Mead bei Las Vegas mit einer Sikorsky S-43 auf den Erstflug der H-4 Hercules vor. Bei einer Bruchlandung auf dem See starben zwei Insassen. Der vierte Unfall ereignete sich 1946 bei Erprobungsflügen mit einem von ihm entwickelten Aufklärungsflugzeug. Hughes überlebte nur knapp.

Top Ten 3

Antonov An-225 Mriya

Das Buran-Programm war das größte und teuerste Einzelprojekt in der sowjetischen Raumfahrt. Es endete mit dem Zusammenbruch der Sowjetunion. Was blieb war ein gigantisches Flugzeug, um das russische Gegenstück des Space Shuttle huckepack vom Landeort zurück zum Kosmodrom in Baikonur zu bringen. Sein Name Mriya bedeutet auf Ukrainisch »Traum«. Wo sie landete, schlug sie auch drei Jahrzehnte nach ihrem Erstflug als das größte Frachtflugzeug der Welt die Menschen in ihren Bann.

Spannweite – 88,40 m
Länge – 84,00 m
Höhe – 18,10 m
Erstflug – 21.12.1988
Kapazität – 250 t
Max. Abfluggewicht – 640 t
Reichweite – 4.000 km (mit 200 t Nutzlast)
Geschwindigkeit – 850 km/h
Antrieb – 6 x Progress D-18T à 229,5 kN

Gleiche Problemstellungen führen häufig zu ähnlichen Lösungen. So war es auch bei den Raumfahrtprojekten der beiden Raumfahrtgroßmächte USA und UdSSR. Da Weltraumraketen teure Wegwerfprodukte sind, arbeiteten beide seit Anfang der 1970er-Jahre an der Entwicklung wiederverwendbarer Raumfähren, die USA am Space Shuttle, die Sowjetunion am Buran-Programm. Beide hatten dieselbe Nuss zu knacken. Wie sollte man den Orbiter nach der Landung zurück zum Startplatz bringen?

Für die NASA stand die Lösung in Seattle. Die 747 war mit entsprechender Verstärkung des Rumpfes in der Lage, das 78 Tonnen schwere Shuttle nach der Landung auf dem Salzsee der Edwards Air Force Base in Kalifornien auf dem Rücken zurück nach Cape Kennedy zu transportieren.

Die beiden für das russische Shuttle-Programm umgebauten Myasishchev M4-Bomber mit ihren riesigen Transportcontainern auf dem Rücken konnten aber nur eine Zwischenlösung sein. Außerdem gab es in dem riesigen Land Bedarf für den Transport von Ausrüstung für die Öl- und Gasindustrie oder großen Maschinen, die auf keinen Eisenbahnwaggon passen.

Die Neuentwicklung eines Mega-Frachters hätte zu lange gedauert und wäre zu teuer gewesen. Aber es gab ja die riesige, neue Antonov An-124. Sie diente als Grundlage. Bei unverändertem Querschnitt wurde der Rumpf um 15 Meter verlängert. Er ruht auf zweimal sieben Zwillingsradsätzen, von denen jeweils die beiden hinteren steuerbar sind, damit das Flugzeug auf einer 60 Meter breiten Piste wenden kann. Die Heckladerampe fiel weg, um Gewicht zu sparen. Die Spannweite wurde um 15 Meter vergrößert, indem man ein Mittelstück einfügte, den Flügel aber ansonsten unverändert ließ.

Zwei zusätzliche Triebwerke sorgen für die erforderliche Power. Das markante Doppelleitwerk verhindert, dass Turbulenzen der Außenlast, die einen Durchmesser von bis zu zehn Metern und eine Länge von 80 Metern haben kann, die Steuerfähigkeit beeinträchtigen. Die An-225 verfügt über Fly-by-Wire und hat eine dreifach redundante Hydraulik. Die Crew besteht aus sieben Mann. Im Cockpit sitzen Pilot, Copilot, zwei Flugingenieure, ein Navigator und ein Funker. Hinzu kommt ein Lademeister. In der Kabine hinter dem Cockpit ist Platz für 70 Passagiere.

Am 21. Dezember 1988, nur etwas mehr als drei Jahre nach Programmstart, hob die Mriya zum ersten Mal ab, im Mai 1989 fanden die ersten Flüge mit der Raumfähre Buran auf dem Rücken statt. Dann änderte sich alles. 1993 wurde das Programm angesichts leerer Kassen eingestellt; ein Jahr später wurde auch die An-225 eingemottet.

Doch 2001 war sie wieder in der Luft, mit weiterentwickelten, leiseren Triebwerken und einer frischen Zulassung. Bei der Flugerprobung stellte sie am 11. September 2001 auf einem einzigen Flug 214 nationale und 124 Weltrekorde auf. Betrieben von Antonov Airlines und lackiert in den Farben der Ukraine ist sie im internationalen Frachtgeschäft der Spezialist für die ganz schweren Fälle. Mit dem doppelten Treibstoffverbrauch einer 747 und einem Charterpreis von 30.000 Dollar pro Flugstunde ist sie für Alltägliches viel zu teuer. Trotzdem gibt es für die Mriya rund um den Globus stets genug zu tun.

Am 24. Februar 2022 wurde dieses einzigartige Flugzeug von russischen Truppen auf dem Flughafen Kiew-Homstel zerstört. Ein Projekt für den Bau einer zweiten An-225 wird angesichts der geschätzten Kosten von 800 Millionen Dollar aber wohl ein Mriya bleiben – ein ukrainischer Traum.

Weil man befürchtete, die USA könnten das Space Shuttle militärisch nutzen, beschloss die UdSSR in den 1970er-Jahren, ebenfalls eine Raumfähre zu entwickeln. Das hochgeheime Programm hieß Buran (Schneesturm). Auf dem Höhepunkt arbeiteten mehr als 15.000 Menschen daran. Sie konnten dabei auf technische Unterlagen der Amerikaner zurückgreifen, die der Geheimdienst beschafft hatte. Anders als das Space Shuttle landete der Buran automatisch. Der einzige Raumflug fand am 15. November 1988 statt. Vier Buran wurden gebaut. Von ihnen existieren noch zwei. Einer davon kann im Technikmuseum Speyer besichtigt werden.

Top Ten 4

Airbus A380

Der Luftverkehr wird wachsen und irgendwann werden die internationalen Drehkreuze so überlastet sein, dass man größere Flugzeuge als den Boeing-Jumbo braucht. Das war die Prämisse für die Entwicklung des größten Passagierflugzeugs der Welt.
Die A380 ist ein technisches Meisterwerk. Die Passagiere lieben sie. Der Weltluftverkehr wuchs zwar, aber er braucht (zumindest derzeit) weder Jumbos noch Superjumbos. Nach nur 242 Flugzeugen rollte die letzte A380 im September 2020 aus der Endmontage in Toulouse.

Spannweite – 79,80 m
Länge – 72,80 m
Höhe – 24,10 m
Erstflug – 27.4.2005
Passagiere – 559 -868
Max. Abfluggewicht – 569 t
Reichweite – 14.800 km (mit 555 Passagieren)
Geschwindigkeit – 903 km/h, Mach 0,85
Antrieb – 4 x Trent 970 à 320 - 343 kN 4 x Engine Alliance GP7200 à 320 - 343 kN

Die Wurzeln des Airbus A380 reichen bis in die späten 1980er-Jahre zurück. Boeing verfügte mit seiner technisch gerade aufgemöbelten 747-400 über ein Monopol in der Top-Klasse der Verkehrsfliegerei. Das bedeutete satte Gewinne, die dem Platzhirsch aus Seattle bei seinen anderen Produkten Preisspielraum gaben und es ihm erlaubten, dem neuen, kleinen Konkurrenten aus Europa das Leben schwer zu machen.

Der finanzielle Kraftaufwand, dem Jumbo etwas entgegenzusetzen, war gewaltig und damit auch das wirtschaftliche Risiko. Doch die hauseigenen Marktprognosen von Airbus zeigten, dass die A3XX, wie das Projekt noch hieß, auf einen riesigen Markt treffen würde. Die Fluggesellschaften in Asien, vor allem in China, würden hunderte dieser Riesenflugzeuge brauchen. Und noch vor 2020 würde es einen Bedarf für eine Version mit tausend Sitzen geben.

Am 19. Dezember 2000 gab der Airbus-Aufsichtsrat grünes Licht für Europas Antwort auf die 747. Die A3XX war kein Jumbo, sondern ein Superjumbo: zwei Meter länger als die 747-400, 13 Meter mehr Spannweite und auf zwei Decks mit Platz für maximal 868 Passagiere. Und das war nur die Basisversion. Auch ein Frachter war geplant.

Von Anbeginn des Projektes arbeitete Airbus mit potenziellen Kunden eng zusammen. Insgesamt 17 Fluggesellschaften brachten ihre Vorstellungen ein. 20 Prozent mehr Wirtschaftlichkeit als die 747-400 lautete die Zielvorgabe für die Entwicklung. Die neuen Triebwerke von Rolls-Royce (Trent 900) und Engine Alliance (GP7200), ein Zusammenschluss der beiden Branchenriesen General Electric und Pratt & Whitney, deckten schon gut die Hälfte dieses Sparziels ab.

Technologisch waren an der A380 zwei Dinge grundlegend neu: das Hydrauliksystem mit einem Druck von 5.000 psi statt der üblichen 3.000 psi und der Einsatz von GLARE, glasfaserverstärktem Aluminium, für große Teile der Außenhaut des Rumpfes. Beides half Gewicht zu sparen. Bei Cockpit und Flugsteuerung blieb Airbus seiner erfolgreichen Philosophie treu. Auch ein A320-Pilot sollte sich binnen kurzem in dem Cockpit mit seinen acht Flüssigkristallbildschirmen zuhause fühlen.

Bis zum Rollout am 18. Januar 2005 hatte Airbus insgesamt 142 Festbestellungen von 14 Kunden eingesammelt. 43 stammten von einer wenige Jahre zuvor noch kaum bekannten Gesellschaft namens Emirates. Diese sah in dem Superjumbo aus Toulouse das ideale Flugzeug für den Aufbau eines Drehkreuzes der Superlative in Dubai. World Central hieß dieser neue Flughafen ganz unbescheiden.

Der gefeierte Erstflug am 27. April 2005 dauerte drei Stunden und 53 Minuten. In der Produktion allerdings lief es nicht so rund. Schon beim Zusammenbau des ersten Superjumbos in Südfrankreich hatte sich herausgestellt, dass Kabelbäume zu kurz waren. Erst im Oktober 2007 konnte Erstkunde Singapore Airlines das erste Flugzeug übernehmen, mehr als eineinhalb Jahre später als geplant. Während die A380 beim Komfort Maßstäbe setzte, blieb ihre Wirtschaftlichkeit hinter den Erwartungen zurück. Lediglich Emirates, die ihr Geschäftsmodell auf dieses Flugzeug zugeschnitten hatte, bestellte kräftig nach. Von den in der Spitze 321 Orders hielt sie 162. Als schließlich immer mehr Kunden ihre Bestellungen stornierten, gab Airbus am 13. Februar 2019 bekannt, die Produktion einzustellen. Auch wenn viele Gesellschaften den Riesen aus Toulouse infolge der Corona-Krise ausgemustert haben, so wird er doch bis ins nächste Jahrzehnt auf den großen Airports dieser Welt zu sehen sein.

Um ein großes Flugzeug zu bauen, braucht man ein kleines doch einfach nur zu skalieren, oder? So einfach ist es leider nicht, denn dagegen steht das Quadratwürfelgesetz. Entdeckt wurde dieses mathematische Prinzip 1639 von Galileo Galilei: Wenn sich die Größe eines beliebigen Objektes verdoppelt, wächst seine Oberfläche um den Faktor vier, sein Volumen und damit sein Gewicht aber um den Faktor acht. Eine aufs das Doppelte vergrößerte A320 hätte deshalb einen Flügel, der zwar die vierfache Fläche hätte, der aber pro Quadratmeter doppelt so viel Auftrieb erzeugen müsste wie das Original, was in der Realität nicht möglich ist.

Top Ten 5

Antonov An-124 Ruslan

Es gibt Flugzeuge, die schaffen sich ihren Markt selbst, weil durch sie plötzlich ganz neue Möglichkeiten entstehen. Der 50-sitzige Bombardier CanadairJet, der in den 1990er-Jahren den Regionalverkehr revolutionierte, war so ein Flugzeug. Und auch die Antonov An-124 Ruslan gehört in diese Kategorie. Ursprünglich als strategischer Frachter für das russische Militär entwickelt, sprengte sie die Grenzen dessen, was man per Flugzeug transportieren kann und sicherte sich dadurch einen festen Platz auch am zivilen Himmel.

Spannweite – 73,3 m
Länge – 69,10 m
Höhe – 21,08 m
Erstflug – 24.12.1982
Kapazität – 150 t
Max. Abfluggewicht – 402 t
Reichweite – 3.700 km (mit max. Nutzlast)
Geschwindigkeit – 865 km/h
Antrieb – 4 x Progress D-18T à 229 kN

Wieviel Prestigedenken zur Entwicklung der An-124 Ruslan führte, ist schwer zu sagen. Aber es erscheint zumindest plausibel, dass es auch darum ging, die USA in der Frage zu übertrumpfen, wer das größte Flugzeug der Welt baut. Prestige oder nicht, am 21. Juni 1966 ordneten Zentralkomitee und Ministerrat der UdSSR an, innerhalb des neuen Fünfjahresplans ein militärisches Transportflugzeug mit einer Nutzlast von 100 bis 120 Tonnen zu entwickeln. Bis zu dessen Erstflug sollte es dann aber noch 16 Jahre dauern. Zwar legte das Antonov-Designbüro schon zwei Jahre später zwei unterschiedliche Entwürfe für das Projekt vor, aber erst 1971 begann das Entwicklungsbüro Zaporizhya Progress mit den Arbeiten an den D-18 Turbofan-Triebwerken.

Wie alle Militärtransporter ist die An-124 ein Schulterdecker. Das gibt maximale Bodenfreiheit für die Triebwerke, vor allem aber ist es Voraussetzung dafür, dass das Flugzeug ohne besondere Ausrüstung be- und entladen werden kann. Dazu knickt die Ruslan das Bugfahrwerk ein und klappt die Nase nach oben, so dass sich der Frachtraum in seinem ganzen Querschnitt öffnet. Zusätzlich hat das Flugzeug eine große Heckladerampe. Der Rumpf besteht im Grund aus zwei übereinander gestapelten Röhren, dem 1.040 Kubikmeter großen und bis zur Heckrampe 36,5 Meter langen Laderaum sowie dem Oberdeck mit dem Cockpit und den Aufenthaltsräumen für die achtköpfige Crew. Beide Bereiche werden getrennt voneinander druckbelüftet.

An der Produktion der An-124 waren mehr als 100 Betriebe in der ganzen UdSSR beteiligt. Die Flügel wurde huckepack mit zwei dafür umgerüsteten viermotorigen Antonov An-22 von Taschkent zur Endmontage in Kiew geflogen, ebenso der Flügelmittelkasten und Teile des Rumpfes.

Am 24. Dezember 1982 hob die An-124 endlich zu ihrem Jungfernflug ab. Abgesehen von Vibrationen im Bugfahrwerk gab es dabei keinerlei technische Schwierigkeiten. Die Flugerprobung verlief ebenfalls ohne große Probleme, wenn auch die Triebwerke sich als unzuverlässig erwiesen. Tragischerweise stürzte der zweite Prototyp am 13. Oktober 1986 infolge von Vogelschlag ab. Was in dem Flugzeug steckt, zeigte im Juli 1985 die erste in Uljanowsk, der zweiten Montagelinie, gefertigte Ruslan. Auf einem einzigen Flug mit 171.219 Kilogramm Zuladung an Bord stellte sie 21 Weltrekorde auf.

Insgesamt wurden 55 An-124 gebaut, die letzte 2004, zwei Dutzend sind in zivilem Einsatz. Der einzige Betreiber außerhalb der ehemaligen UdSSR ist Maximus Air in Abu Dhabi. Yachten, Lokomotiven, Triebwerke für die Boeing 777 oder auch Teile für die Automobilproduktion – der Riese aus Kiew ist inzwischen eine unverzichtbare Größe in der Luftfracht. Ironie der Geschichte: In der Logistik für Afghanistan und bei anderen Auslandseinsätzen innerhalb der NATO spielte die An-124 über die in Leipzig angesiedelte Firma SALIS (Strategic Airlift International Solution) mangels vergleichbarer westlicher Kapazitäten eine tragende Rolle.

Alle Versuche, die An-124 zu modernisieren und die Produktion wieder aufzunehmen, bleiben im Gestrüpp des Konfliktes zwischen der Ukraine und Russland stecken. Das Gemeinschaftsunternehmen zwischen Antonov und der russischen UAC wurde 2015 aufgelöst. 2020 tauchten Bilder von Windkanalmessungen an einem neuen russischen Megatransporter mit dem Projektnamen Slon (Elefant) auf. Die Auslegung ist der An-124 sehr ähnlich. Er soll eine Nutzlast von 180 Tonnen und eine Reichweite von rund 7.000 Kilometern haben.

Oleg Konstantinowitsch Antonov war einer der großen russischen Flugzeugkonstrukteure. Er arbeitete nach seinem Studium 1930 zunächst als Konstrukteur von Segelflugzeugen und während des Zweiten Weltkriegs an der Entwicklung von Jagdflugzeugen. 1946 wurde er in Nowosibirsk zum Leiter eines eigenen Konstruktionsbüros berufen. Dort entstand unter anderem die riesige, einmotorige An-2, der größte Doppeldecker der Welt und mit 15.000 Exemplaren auch der wohl meistgebaute. Berühmt ist auch die An-22. Mit 64,4 Metern Spannweite und einer Nutzlast von 80 Tonnen ist sie das größte propellergetriebene Flugzeug der Welt. Sie wurde von 1966 bis 1976 gebaut.

Top Ten 6

Boeing 777-9

Die Triple Seven ist eines der bahnbrechenden Flugzeuge der Luftfahrtgeschichte. Als Nachfolger für die DC-10 und Lockheed L-1011 TriStar entwickelt, war sie der erste Jet dieser Größe und Reichweite mit nur zwei Triebwerken. Mit über 1.800 Bestellungen, darunter 257 Frachter, brach sie alle Verkaufsrekorde in dieser Flugzeugklasse. Mit der nächsten Generation dieses Bestsellers will Boeing seine führende Position im Segment der großen Langstreckenflugzeuge bis ins nächste Jahrzehnt sichern.

Spannweite – 71,75 m
Länge – 76,72 m
Höhe – 19,70 m
Erstflug – 25.1.2020
Passagiere – 426 in Zwei-Klassen-Bestuhlung
Max. Abfluggewicht – 351,5 t
Reichweite – 13.500 km
Max. Reisegeschwindigkeit – Mach 0,84
Antrieb – 2 x General Electric GE9X-105

Airbus-Chef Hartmut Mehdorn spottete gern, die Triple Seven sei der beste Airbus, den Boeing je gebaut habe. Dass sie in dieser Klasse der bessere Airbus war, zeigte Boeing spätestens mit der 2004 erstmals ausgelieferten 777-300ER. Als Twin war sie der Konkurrenz mit vier Motoren unter dem Flügeln in punkto Wirtschaftlichkeit und Zuverlässigkeit einfach klar überlegen.

Aber die Zeit bleibt nicht stehen. Mit der A350 hat Airbus ein Flugzeug entwickelt, das der Triple Seven dank modernerer Technologie mehr als ebenbürtig ist. Die 777-8 und die größere 777-9 sollen den Europäern Paroli bieten. Der markanteste Unterschied zur 777 Classic sind ohne Zweifel die neuen Tragflächen. Um ganze sieben Meter ist die Spannweite gewachsen. Damit ist die neue 777 größer als der Jumbo. Mit einer Streckung von 10:1 ist dies der schlankste Flügel, den es je bei einem Jet gegeben hat. Kohlefaser macht's möglich. Eine hohe Streckung spart Kerosin, weil sie den induzierten Widerstand verringert, der durch den Druckausgleich zwischen Flügelober- und -unterseite an den Flügelspitzen entsteht.

Die unerwünschte Konsequenz: Die renovierte 777 passt am Flughafen nicht mehr in dieselben Gate-Positionen wie ihr Vorgänger. Für Fluggesellschaften, die beide Versionen nebeneinander einsetzen, ist das ein Problem. Die Lösung dafür stammt aus Lindenberg im Allgäu: Nach der Landung werden die äußeren dreieinhalb Meter Flügel einfach in die Senkrechte geklappt. Boeing hatte eine solche Option schon Anfang der 1990er-Jahre für die Ur-777 ins Kalkül gezogen, sie aber aus Gewichtsgründen wieder verworfen. Auch heute ist es alles andere als trivial, einen solchen Mechanismus so leicht zu bauen, dass das Mehrgewicht den durch die große Spannweite gewonnenen Nutzen nicht wieder auffrisst.

Im Kampf um jedes Quäntchen Treibstoffersparnis spielen die Triebwerke naturgemäß eine zentrale Rolle. Der Fan der neuen General Electric GE9X hat einen Durchmesser von 3,40 Metern und ist größer als jedes Triebwerk, das jemals unter der Tragfläche eines Flugzeugs hing. Kerosinverbrauch und damit CO_2-Emissionen sind nach Angaben des Herstellers um zehn Prozent niedriger als beim Vorgängermodell, dem schon fast legendären GE90.

Beim Rumpf hat sich Boeing gegen Kohlefaser und für eine konventionelle Bauweise entschieden. Moderne Aluminiumlegierungen sind billiger, leichter zu verarbeiten und einfacher zu reparieren. Sie sind, was das Gewicht betrifft, inzwischen ebenso gut wie Kohlefaser und erlaubten es den Boeing-Ingenieuren außerdem, der 777X Komfortelemente mit auf den Weg zu geben, die es davor nur in Carbon-Jets wie die A350 und der 787 gab: noch größere Fenster als beim Vorgänger, mehr Luftfeuchtigkeit und einen höheren Kabinendruck. Der Durchmesser des Innenraums wuchs gegenüber der 777 Classic noch einmal um zehn Zentimeter.

Die 777X schien das Flugzeug zu sein, auf das die Welt gewartet hatte. Als Boeing den Start der neuen 777-Generation im Rahmen der Dubai Air Show im November 2013 bekannt gab, standen 259 Bestellungen zu Buche, darunter 34 von Lufthansa als Erstkunde, mehr als bei jedem Langstreckenjet zuvor. Die Auslieferung des ersten Flugzeugs war für die erste Jahreshälfte 2020 geplant. Sie wurde zuerst auf 2021 verschoben und schließlich auf 2025. Wegen der Corona-Krise brauchen die Fluggesellschaften weniger Langstreckenjets. Die 777-8/-9 startet daher in eine schwierige Zukunft, aber angesichts ihrer Qualitäten, ist es fast sicher, dass zumindest sie ihren Platz im Weltluftverkehr finden wird.

Triebwerke sind heute unglaublich zuverlässig. Ein General Electric GE90 zum Beispiel fällt nur einmal pro eine Million Betriebsstunden im Flug aus. Weil Motoren früher viel häufiger den Geist aufgaben, durften sich Flugzeuge mit weniger als drei Triebwerken niemals weiter als 60 Minuten Flugzeit von einem geeigneten Ausweichflughafen entfernen. Angesichts steigender Zuverlässigkeit wurde diese Grenze 1985 unter bestimmten Voraussetzungen auf 90 Minuten erhöht (ETOPS). Damit wurden erstmals Transatlantikflüge mit zweistrahligen Jets wie der A310 und der 767 möglich. Die A350 hat heute eine Zulassung für 370 Minuten. Für die 777X ist das ebenfalls zu erwarten.

Top Ten 7

Convair XC-99

Der Airbus A380 ist nicht das erste Flugzeug, bei dem die Konstrukteure auf die Idee kamen, die Passagiere in zwei Decks unterzubringen. Schon 50 Jahre zuvor gab es mit dem Convair Model 37 ein Projekt für ein ziviles Langstreckenflugzeug, das die Öffentlichkeit begeisterte. Als Basis sollte ein ebenfalls zweistöckiger Frachter und Truppentransporter dienen, die XC-99. Im Gegensatz zum Model 37 wurde er realisiert. Die staunenden Zeitgenossen entlockte er vor allem einen Ausruf: »gargantuan« – gigantisch.

Spannweite – 70,10 m
Länge – 55,63 m
Höhe – 17,53 m
Erstflug – 24.11.1947
Kapazität – 45 t oder 400 Soldaten
Max. Abfluggewicht – 145,15 t
Reichweite – 13.000 km
Höchstgeschwindigkeit – 494 km/h
Antrieb – 6 x Pratt & Whitney R-4360-41 Wasp Major, 28 Zylinder à 3.500 PS

Von der amerikanischen Westküste bis Hawaii sind es dreieinhalbtausend Kilometer, bis zum Midway Atoll rund fünftausend. Spätestens nach dem japanischen Angriff auf Pearl Harbor verlangte das amerikanische Militär nach einer Alternative zur langwierigen und gefährlichen Versorgung der Truppen auf dem Seeweg. Die Consolidated Vultee Aircraft Corporation in San Diego nahm sich dieser Aufgabe an, die im Pentagon Priorität erhielt.

Wer weit fliegen will, muss viel Sprit mitnehmen. Dadurch sind Langstreckenflugzeuge zwangsläufig groß. Das Flugzeug, das die Ingenieure des später in Consolidated umbenannten Unternehmens dem Pentagon vorstellten, war größer als alles, was man bis dahin gesehen hatte – viel größer. 120 Tonnen Abfluggewicht, 45 Tonnen Nutzlast oder 400 Soldaten mit Ausrüstung. In den Flügeln, deren Fläche genauso groß war wie die einer A350-900, war Platz für 80.000 Liter Treibstoff. Im Dezember 1942 kam der Auftrag, einen Prototyp zu bauen.

Nicht nur die Größe der XC-99 war außergewöhnlich, auch die Konfiguration des Antriebs, denn die sechs Propeller befanden sich nicht vorn am Flügel, sondern an der Hinterkante. Eine solche Pusher-Anordnung ist durchaus von Vorteil, weil die Strömung nicht durch die Verwirbelung des Propellers gestört wird und der Flügel aerodynamisch sauber bleibt. Das spart Sprit. Allerdings wird die Motorkühlung damit zu einer kaum lösbaren Angelegenheit.

Die im Verlauf des Krieges wechselnden Prioritäten der US-Luftwaffe sowie der Umzug des halbfertigen Flugzeugs von Fort Worth, wo man mehr Platz für die Produktion der B-24 Liberator brauchte, nach San Diego, wo keine Halle groß genug war, brachte den Zeitplan ins Rutschen. Der Krieg war schon mehr als ein Jahr vorüber, als am 24. November 1947 endlich der Erstflug stattfand. In der Flugerprobung erfüllte die XC-99 alle Leistungsanforderungen, wobei sie am 15. April 1949 mit 45 Tonnen die größte Zuladung in die Luft brachte, die es je gegeben hatte. Einen Monat später wurde das Flugzeug offiziell an die U.S. Air Force übergeben. Die setzte sie zunächst für Transporte innerhalb der USA ein, ab August 1953 aber auch für Flüge zur Rhein Main Air Base. Zwischendurch wurde die XC-99 mehrfach verbessert. Im Juni 1957 zeigten sich bei einer Inspektion der Struktur dann aber schwere Ermüdungsrisse. Auch ein Hauptspann war gebrochen. Eine Reparatur wäre viel zu umfangreich und kostspielig gewesen. Die Air Force legte den Riesen still. Bis dahin hatte er in über 7.400 Flugstunden mehr als 30.000 Tonnen Fracht befördert.

Von Anfang an hatte Convair die XC-99 als Schritt auf dem Weg zu einem zivilen Langstreckenflugzeug mit der Bezeichnung Model 37 gesehen, und dafür kräftig die Werbetrommel gerührt. In ihm sollten 204 Passagiere zusammen mit siebeneinhalb Tonnen Fracht mit allen Annehmlichkeiten über dem Wetter knapp 7.000 Kilometer weit fliegen können. 1945 hatte Pan Am 15 Maschinen bestellt. Aber der Luftverkehr wuchs nach Kriegsende dann doch nicht so rasant wie erhofft und so wurde aus dem Projekt nichts.

Nach ihrer Stilllegung gammelte die XC-99 bis 1993 auf der Kelly Air Force Base bei San Antonio in Texas vor sich hin. 2004 stiftete die Kelly Field Heritage Foundation, der das Wrack inzwischen gehörte, sie dem U.S. Air Force Museum. Es wurde zerlegt und im Sommer 2012 mit ihrem legitimen Nachfolger, der C-5 Galaxy, nach Tucson, Arizona geflogen, wo sie darauf wartet, eines Tages restauriert zu werden. Ein Projekt wie das ganze Flugzeug: riesig.

Während die XC-99 nie in Serie ging, wurde der von Convair gleichzeitig entwickelte Langstreckenbomber B-36 zum größten jemals in Serie produzierten Propellerflugzeug. Er hat dieselbe Spannweite und Flügelauslegung wie die XC-99, war aber fünf Meter kürzer und hatte einen weit weniger massigen Rumpf. Die Reichweite betrug 16.000 Kilometer, die maximale Flughöhe 13.300 Meter, die der Aufklärungsvarianten sogar 18.000 Meter. Insgesamt wurden 385 Flugzeuge produziert, davon einige mit vier zusätzlichen Düsentriebwerken. Die Produktion begann 1946, aber schon 1956 wurden die ersten Flugzeuge verschrottet. Im Zeitalter von Düsenjägern waren sie leichte Ziele und damit nutzlos.

Top Ten 8

Bristol 167 Brabazon

Die Universität von British Columbia hat eine Internetseite mit dem Titel »Why Do Projects Fail?«. Neben der A380, der 737MAX und dem Flughafen Berlin-Brandenburg findet sich dort im Katalog der Fehlschläge mit der Bristol Brabazon ein Flugzeug, dessen schiere Größe und dessen technische Ambition auch heute noch Staunen lässt.
Als Ursache des Scheiterns ist nüchtern vermerkt: »Unfähigkeit, die sich ändernden Anforderungen des Marktes und den Einfluss disruptiver Technologien zu erkennen.«

Spannweite – 70,10 m
Länge – 53,95 m
Höhe – 15,24 m
Erstflug – 4.9.1949
Passagiere – 100
Max. Abfluggewicht – 131,54 t
Reichweite – 8.900 km
Geschwindigkeit – 400 km/h
Antrieb – 8 x Bristol Centaurus 18-Zylinder-Sternmotoren à 2.650 PS

John Moore-Brabazon, 1st Baron Brabazon of Tara, war in jungen Jahren ein Teufelskerl. Er war ein begnadeter Golfer, gewann Autorennen, lernte in Frankreich fliegen und erhielt die Pilotenlizenz Nr. 1 des Royal Aero Club. An der Westfront half er für die Royal Air Force die Luftbildfotografie zu entwickeln; er wurde Abgeordneter und später Verkehrsminister unter Winston Churchill. Nachdem er während der Schlacht um Stalingrad unpassenderweise die Hoffnung geäußert hatte, die Deutschen und die Russen möchten sich doch bitteschön gegenseitig vernichten, musste er zurücktreten. Churchill betraute ihn mit dem Vorsitz eines Komitees, das Pläne für die zivile Luftfahrtindustrie nach dem Ende des Weltkriegs entwickeln sollte. Dieses identifizierte fünf strategische Projekte, darunter ein großes Langstreckenflugzeug für den Transatlantikverkehr.

Den Auftrag für die Entwicklung erhielt die Bristol Aircraft Company. Sie hatte schon 1937 an einer Studie für einen strategischen Bomber mit 8.000 Kilometern Reichweite gearbeitet und war daher bestens geeignet. Auch über die technischen und wirtschaftlichen Rahmenbedingungen eines transatlantischen Luftverkehrs hatte man sich dort bereits Gedanken gemacht. Man würde ein Flugzeug mit einer Reichweite von 8.800 Kilometern und einer Kapazität von mindestens 100 Passagieren brauchen, um auf einer solchen Strecke überhaupt Geld verdienen zu können. Passagiere, die das Flugzeug der tagelangen Schiffspassage vorziehen, würde es genug geben.

Weil man den an den Luxus der *Queen Mary* gewöhnten Reisenden im Blick hatte, sollte das Flugzeug größtmöglichen Komfort bieten. Pro Passagier in der Economy Class waren sechs Kubikmeter Kabinenraum vorgesehen, für jeden Passagiere in der First Class sogar acht, was mehr ist als der Innenraum einer Luxuslimousine. Es sollte Schlafkabinen geben, ein Kino, eine Cocktailbar, eine Lounge und ein Restaurant. Das alles unterzubringen brauchte einen riesigen Rumpf von acht Metern Durchmesser, beinahe ein Meter mehr als der der A380.

Von der Spitze bis zum Heck maß das Flugzeug 54 Meter. Die Spannweite maß 70 Meter. Es hatte vier Propeller, die jeder von zwei luftgekühlten Bristol Centaurus Doppelsternmotoren á 2.535 PS angetrieben wurden. Die acht Motoren waren nicht in Motorgondeln, sondern in den Flügeln untergebracht.Die Brabazon war innovativ. Sie verfügte zum Beispiel über eine automatische Böenlastminderung und ist das erste zivile Flugzeug mit hydraulischer Flugsteuerung.

Die riesige, dreiteilige Fertigungshalle war bei ihrer Fertigstellung 1946 die größte der Welt, 352 Meter breit, 35 Meter hoch und im mittleren Segment 135 Meter tief. Ihr musste ein Golfplatz weichen, der Vergrößerung der Landebahn auf 2.450 Meter Länge und 100 Meter Breite ein ganzes Dorf. Wo die Brabazon während ihrer Testflüge am Himmel auftauchte, erregte sie Staunen und Bewunderung. Nur die Fluggesellschaft BAOC, die für die Langstreckenverbindungen Englands zuständig war, konnte dem Giganten nichts abgewinnen. Sie wollte keinen fliegenden Luxusliner, der dazu schwachbrüstig motorisiert war. Außerdem zeichnete sich ab, dass die Zukunft ohnehin dem Jet gehörte.

Im Juni 1953 zog das britische Parlament dem Programm den Stecker. Die Brabazon wurde direkt in der Montagehalle verschrottet. Nach zwei Wochen war von dem Flugzeug nichts mehr übrig. Was blieb, ist der riesige Hangar am Flughafen Filton, wo heute Tragflächen für Airbus gebaut werden. Die Halle steht unter Denkmalschutz.

Noch während der Arbeiten an der gigantischen Brabazon begann Bristol mit der Entwicklung eines Passagierflugzeugs mit mäßigeren Ausmaßen. Die Bristol Britannia war ein Langstreckenflugzeug mit vier Propellerturbinen des Typs Bristol Proteus 765. Sie hatte Platz für bis zu 139 Passagiere und eine Reichweite von 7.100 Kilometern. Durch Verzögerungen in der Entwicklung kam das technisch sehr fortschrittliche Flugzeug einige Jahre zu spät. BOAC konnte die Britannia erst ab Februar 1957 einsetzen. Da waren schon die 707 und die DC-8 am Start. Bristol konnte dennoch 85 Britannias verkaufen. Weitere 72 wurden durch Canadair in Lizenz gefertigt.

Top Ten 9

Boeing 747-8

Der Jumbo gehörte zu Boeings ganz großen Würfen. 50 Jahre lang war die 747 unbestritten die Queen of the Skies. Lange Zeit war kein Verkehrsflugzeug größer und flog keines weiter. Im Passagierverkehr und bei der Fracht war der Jumbo eine Klasse für sich. Kaum eine namhafte internationale Airline, die ihn nicht als Flaggschiff in der Flotte gehabt hätte. Als die Bestellungen zurückgingen, versuchte Boeing seinem Erfolgsprogramm mit der größeren und moderneren 747-8 neues Leben einzuhauchen.

Spannweite – 68,40 m
Länge – 76,30 m
Höhe – 19,40 m
Erstflug – 8.2.2010
Kapazität – 464 Passagiere in Drei-Klassen-Layout / 137,7 t (Frachter)
Max. Abfluggewicht – 447,7 t
Reichweite – 15.300 km (mit 450 Passagieren)
Geschwindigkeit – 908 km/h, Mach 0,85
Antrieb – 4 x GEnx-2B67 à 296 kN

Es gab Zeiten, da rollten jeden Monat fünf oder sechs 747 aus der riesigen Montagehalle des Boeing-Werks in Everett. Die Logos auf den Leitwerken der Flugzeuge, die auf dem Vorfeld auf ihren Customer Acceptance Flight und die Auslieferung warteten, waren ein Who is Who der Weltluftfahrt. Braucht man tatsächlich etwas Größeres als die Boeing 747-400? Boeing war überzeugt: Der Markt ist zu klein, um eine Neuentwicklung zu rechtfertigen.
Die Antwort auf die A3XX-Pläne von Airbus war denn auch folgerichtig kein neues Flugzeug, sondern eine vergrößerte 747. Der Flügel der 747-500X/-600X/-700X sollte abgeleitet von der 777 eine Spannweite von 77 Metern haben, der verlängerte Rumpf in der größten Version sollte 650 Passagieren eine komfortable Reise ermöglichen. Aber niemand wollte das Flugzeug.

Die besten Zeiten der 747 waren unübersehbar vorüber; die Zahl der Bestellungen reichte schon in der zweiten Hälfte der 1990er-Jahre längst nicht mehr an frühere goldene Zeiten heran. Mehr als ein Drittel waren zudem Frachter und Kombis. Zwischen 2000 und 2005 wurden nur noch zehn Passagier-Jumbos bestellt. Schuld war aber nicht etwa die A380. Der Wettbewerber kam aus dem eigenen Haus und hieß 777-300ER.

Es waren vor allem die Cargo-Airlines, die Boeing bestärkten, es mit einer nochmaligen Modernisierung zu versuchen. Gegenüber der 777F hat der Jumbo, neben der höheren Zuladung, den Vorteil der hochklappbaren Nase. Sie beschleunigt das Be- und Entladen und ermöglicht den Transport übergroßer Frachten. Den Markt schätzte Boeing auf 300 Flugzeuge, je zur Hälfte Passagierflugzeuge und Frachter.

Sollte die 747 Advanced, wie das Projekt zunächst hieß, eine Chance am Markt haben, würde mehr nötig sein als inkrementelle Verbesserungen. Boeing unterzog den Jumbo einer gründlichen Frischzellenkur. Äußerlich unterscheidet sich die 747-8 vor allem durch den längeren Rumpf. Bei der -200, der -300 und der -400 stammte der Kapazitätszuwachs allein durch die Vergrößerung des Oberdecks, diesmal fügte Boeing vor den Tragflächen ein 4,1 Meter langes Zwischenstück ein und dahinter eines von 1,5 Metern. Die 747 wurde damit zum längsten Verkehrsflugzeug der Welt. Der Flügel wurde aerodynamisch überarbeitet mit neuen kraftstoffsparenden Flügelspitzen, sogenannten Raked Wingtips, wie man sie auch von der 777 kennt, und verbesserten Hochauftriebshilfen. Im Rumpf und in den Flügeln kamen leichtere und korrosionsbeständigere Aluminiumlegierungen zum Einsatz. Auch in der Kabine, bei den Systemen und im Cockpit tat sich eine Menge. Zum niedrigeren Treibstoffverbrauch trugen entscheidend die neuen GEnx-Motoren bei, dieselben wie am Dreamliner.

Mit einer Bestellung von 20 Maschinen war Lufthansa der erste Kunde für die Passagierversion 787-4I. Ein Hoffnung machendes Signal, das dem Programm Glaubwürdigkeit verleihen und andere große 747-Betreiber anlocken würde? Nein, die Zeit der großen vierstrahligen Jets war vorüber. Lufthansa blieb der größte Kunde, Korean Air bestellte zehn, Air China sieben. Bei 57 verkauften 747-8I war Schluss, darunter zehn Businessjets und zu guter Letzt zwei neue Air Force One für den US-Präsidenten. Bei den Frachtern lief es deutlich besser. Der ersten Order von Cargolux folgten viele weitere. Am Ende konnte Boeing 106 Jumbo-Frachter verkaufen. Der letzte wurde im Dezember 2022 an Atlas Air ausgeliefert. Zumindest hat die 747 damit ihre Rivalin, die A380 als die Letzte einer Ära überlebt, wenn auch nur um 21 Monate.

Keine Fluggesellschaft hat mehr Jumbos bei Boeing gekauft als Japan Airlines. Mit 108 Flugzeugen, darunter die Kurzstreckenversion mit bis zu 624 Sitzen, ist sie die klare Nummer Eins vor British Airways (94) und Singapore Airlines (93). Lufthansa kommt auf 55 Flugzeuge. Obwohl JAL abgesehen von der 747SP alle Passagierversionen in der Flotte hatte, blieb sie bei der 747-8 abseits. Sie hatte längst den Sprung zur Triple Seven gemacht. Die letzte 747-400 wurde 2004 von JAL übernommen. 2011 wurde der letzte Jumbo ausgemustert. Die größte aktive Flotte mit in der Spitze 57 Jumbos hatte British Airways.

Top Ten 10

Lockheed C-5 Galaxy

Für Israel war die C-5 Galaxy ein Glücksfall. Ohne den gerade in Dienst gestellten Frachter hätte die USA nicht aus dem Stand Panzer und tausende Tonnen Munition über den Atlantik schicken können. Der Nachschub war überlebenswichtig, um die Verluste auszugleichen, die Israel nach dem Überfall durch seine Nachbarn in den ersten Tagen des Jom-Kippur-Krieges 1973 erlitten hatte. Es war die Bewährungsprobe für ein Flugzeug, das auch über 50 Jahre nach seinem Erstflug über das US-Militär unverzichtbar ist.

Spannweite – 67,89 m
Länge – 75,31 m
Höhe – 19,40 m
Erstflug – 30.6.1968
Kapazität – 127,46 t
Max. Abfluggewicht – 381 t
Reichweite – 8.900 km (mit max. Zuladung)
Geschwindigkeit – 833 km/h, Mach 0,85
Antrieb – 4 x GE CF6-80C2 à 262 kN

Am Anfang standen die Kuba-Krise und die Entscheidung, im Ernstfall nicht mehr mit dem sofortigen Druck auf den roten Knopf zu drohen. Nachdem die Welt am Rand eines Atomkrieges gestanden hatte, nahm US-Präsident Kennedy Abschied von der Doktrin der Massive Retaliation mit der Drohung: Wenn ihr uns oder unsere Verbündeten angreift, schlagen wir sofort mit voller Härte zurück. Die neue Marschrichtung hieß Flexible Response. Eine solche gestufte Antwort aber setzte voraus, dass man in der Lage war, innerhalb kurzer Zeit große Mengen an Truppen und Material an den politischen Brennpunkt zu schicken, und das hieß in Zeiten des Kalten Kriegs vor allem nach Europa.

1964 gab die Air Force bei Boeing, Douglas und Lockheed eine Designstudie für ein strategisches Transportflugzeug in Auftrag. Gefordert waren 120 Tonnen Nutzlast, globale Reichweite durch Luftbetankung sowie die Möglichkeit, das Flugzeug ohne externe Hilfsmittel durch die Nase zu beladen. Der Frachtraum sollte 5,30 Meter hoch und mindestens fünf Meter breit sein bei einer Fläche von mindestens 200 Quadratmetern. Das Flugzeug sollte mit 50 Tonnen Nutzlast auf einer 1.200 Meter langen provisorischen Piste landen können. Für das Fahrwerk war ein integriertes System zur Ermittlung von Gewicht und Schwerpunkt gefordert. General Electric und Pratt & Whitney wurden beauftragt, Vorschläge für neuartige leistungsstarke Bläsertriebwerke in zu machen.

Ein solches Flugzeug erforderte die Aufbietung aller vorhandenen Technologien. Trotzdem: Schon 1969 wollte das Pentagon 16 einsatzfähige C-5A auf dem Hof stehen haben. Im ersten Schritt war die Anschaffung von 58 Flugzeugen geplant. Lockheed erhielt den Zuschlag, und schon am 30. Juni 1968 hob die Galaxy zum ersten Mal ab.

Der Termin für die erste einsatzbereite Staffel war allerdings nicht einzuhalten, weil das Pentagon dem Flugzeug ein vier Jahre dauerndes Erprobungsprogramm verordnete. In diesem schlug es sich hervorragend. Im Oktober 1969 stellte die Galaxy mit einem Abfluggewicht von 362.063 Kilogramm einen inoffiziellen Weltrekord auf, kurz darauf gefolgt von einem sensationellen Rekordflug von über 20 Stunden ohne aufzutanken.

So glatt die Erprobung lief, so turbulent war die politische Seite des Programms. Als bekannt wurde, dass der Preis pro Flugzeug sich beinahe verdoppelt hatte, brach ein Sturm der Entrüstung los. Aber einen Abbruch des Programms konnte man sich angesichts des Vietnamkriegs nicht leisten. Dann zeigten sich Risse im Flügel; die geplante Lebensdauer des Flugzeugs von 30.000 Flugstunden war bei weitem nicht zu erreichen. Um die Struktur zu schonen, wurde die Beladung auf die Hälfte reduziert. Zwischen Februar 1983 und Juli 1987 erhielten alle 77 C-5A dann neue Flügel aus einer neuentwickelten Aluminium-Legierung, die sie wieder voll einsatzfähig machten.

Im Oktober 1982 bekam Lockheed den Auftrag für den Bau von 50 neuen C-5B mit verstärkten Flügeln, verbesserter Avionik, einem veränderten Fahrwerk und stärkeren Triebwerken. Außerdem bestellte das Pentagon zwei C-5C, eine Version mit einem speziell für den Transport von Satelliten modifizierten Frachtraum. Während die C-5A inzwischen in den Ruhestand geschickt wurden, erhielten die verbleibenden 52 Flugzeuge ein nochmaliges umfassendes Upgrade, zu dem auch die Umrüstung auf die stärkeren, sparsameren und leiseren General Electric CF6-80C2 gehörte. Das letzte Flugzeug wurde 2018 an die Air Force übergeben. Geplante Einsatzzeit: mindestens bis 2040.

Das Geschäft mit Verkehrsflugzeugen ist zwar einträglich, aber zugleich auch risikoreich und so kapitalintensiv, dass Fehlschläge katastrophale Auswirkungen auf das Unternehmen haben. Deshalb blieben auch in den USA im Laufe der Jahre viele traditionsreiche Anbieter auf der Strecke. Consolidated Vultee schlidderte 1965 mit der Convair CV-880 und CV-990 knapp an der Pleite vorbei. Lockheed verbrannte sich mit der L-1011 TriStar die Finger und zog sich 1984 aus dem zivilen Geschäft zurück. Und schließlich verschwand 1997 auch der traditionsreiche Name Douglas durch die Fusion von McDonnell Douglas und Boeing.

UNITED

Die kleinen Großen

In den frühen Tagen des Luftverkehrs war Fliegen ein Abenteuer. Lange war es ein Luxusgut. Die Großraumflugzeuge, die in den 1970er-Jahren auf den Markt kamen, veränderten die Spielregeln. Durch sie wurden die Tickets billiger und Fliegen damit etwas für jedermann. Auch Otto Normalverdiener konnte sich und seiner Familie nun den Flug in die Sonne leisten oder den Besuch bei den Verwandten in Amerika. Mit DC-10 und TriStar wurde der moderne Massentourismus geboren.

Die DC-10, hier auf ihrem Erstflug am 29. August 1979, wurde in Rekordzeit entwickelt. Von der ersten Bestellung bis zum Erstflug vergingen nur 26 Monate. Ein Viertel des Flugzeugs wurde von Zulieferern auf eigene Kosten entwickelt, denn Douglas selbst war knapp bei Kasse.

Ein fliegender Bus, das war es, was die Airlines brauchten, um das Flugzeug zum Massenverkehrsmittel zu machen, ein Flugzeug für Mittelstrecken, doppelt so groß wie die bisherigen, einfach zu operieren und so wirtschaftlich, dass Fliegen für möglichst viele Menschen erschwinglich wurde. Der Begriff, den man in den 1960er-Jahren für dieses Konzept geprägt hatte, lautete Airbus. Die DC-10 und die L-1011 Tristar waren die ersten ihrer Art.

Die Entwicklung eines neuen Flugzeugs dauert heutzutage von den ersten Studien bis zum ersten Linienflug ein gutes Jahrzehnt. Demgegenüber mutet das Tempo der technischen Entwicklung in den Kindertagen der Jet-Fliegerei nahezu halsbrecherisch an. Zwischen dem Ende des Zweiten Weltkriegs und dem Jungfernflug des ersten düsengetriebenen Verkehrsflugzeugs, der deHavilland Comet, vergingen nur vier Jahre.

Das erste amerikanische Kampfflugzeug mit Jet-Antrieb, die Lockheed P-80 Shooting Star, wurde 1945 in Dienst gestellt. Gerade mal sieben Jahre später hob in Seattle der Prototyp der riesigen, beinahe schallschnellen B-52 ab, mit 183 Tonnen maximalem Startgewicht und eine Reichweite von 11.200 Kilometern. Und auch in Sachen Geschwindigkeit schien es kein Halten zu geben. Man stolperte förmlich von Rekord zu Rekord. Zwischen dem ersten Jet, der im Horizontalflug schneller war als der Schall, der Douglas F4D Stingray, und der Lockheed A-12, die eine Höchstgeschwindigkeit von Mach 3,1 hatte und in mehr als 26.000 Metern unterwegs war, liegen lediglich elf Jahre. Geld war zwar reichlich da. Durch den Korea-Krieg und den Rüstungswettlauf mit UdSSR saßen die Dollars für Projekte in der Luft- und Raumfahrt locker. Aber in den Konstruktionsbüros war alles noch reine Hand- und Kopfarbeit für die man Heerscharen von Ingenieuren und Mathematikern brauchte. Der Rechenschieber und Logarithmentabellen waren ihre wichtigsten Werkzeuge. Hunderte von technischen Zeichnern in riesigen Sälen voller Reißbretter benötigten Wochen für Arbeiten, die heute mithilfe von CAD-Systemen innerhalb weniger Tage erledigt werden.

Überschallträume

Angesichts dieser Bedingungen kann man nur staunen, in welchem Tempo Flugzeuge entwickelt wurden, die in immer neue Dimensionen vorstießen. Nicht nur die Industrie, die ganze Gesellschaft lebte in einer Art technologischem Geschwindigkeitsrausch und einer aus heutiger Sicht naiven Fortschrittsgläubigkeit. Alles schien möglich, alles erreichbar, wenn nicht innerhalb der nächsten ein oder zwei Jahrzehnte, dann doch spätestens bis zum magischen Jahr 2000. Kaum ließen die ersten Passagierjets den Globus schrumpfen, waren sie eigentlich schon von gestern, denn schon im nächsten Jahrzehnt würde man mit doppelter Schallgeschwindigkeit unterwegs sein und der Weg nach Europa würde nur noch ein Katzensprung sein. Spätestens in den 1990er-Jahren würden dann Hyperschallflugzeuge den Globus zur Erbse schrumpfen lassen. Die unerträglich lauten, spritsaufenden Motoren würden später ohnehin durch Atomantrieb ersetzt werden. Präsident John F. Kennedy hatte dem Projekt der atomgetriebenen Convair NB-36H angesichts absurd hoher Kosten zwar den Stecker gezogen, aber irgendwann würden die technischen Hürden überwindbar sein.

Der Luftverkehr boomte. Auch für das nächste Jahrzehnt sagte die ICAO 1966 weltweit eine Wachstumsrate von durchschnittlich zehn Prozent voraus, bei entsprechend niedrigen Ticketpreisen sogar 15 Prozent – eine Vervierfachung innerhalb einer Dekade. Größere Flugzeuge mussten her, für Interkontinentalflüge aber auch für Strecken innerhalb Nordamerikas. Das Eisenbahnnetz, mit dem man die Weiten des Landes einst erschlossen hatte, war längst marode. Stattdessen verbanden Greyhound-Busse die Städte miteinander. Anfang April 1966 veröffentlichte American Airlines die Spezifikation für einen Airbus für die Rennstrecken seines inneramerikanischen Streckennetzes: 250 Sitze in Einklassenbestuhlung, 3.400 km Reichweite mit voller Nutzlast, zwei Triebwerke, rund 110 Tonnen Startgewicht, übrigens Werte, die ziemlich genau dem ersten Airbus made in Europe entsprechen der A300B2.

Ein erster Entwurf, den Douglas im August unter der Bezeichnung D-966-1 präsentierte, sah aus wie ein leicht geschrumpfter Jumbo mit zwei Triebwerken. Genau wie der Boeing-Jet hatte er ein durchgehendes Passagierdeck und ein darüberliegendes Cockpit. Mit 330 Passagieren an Bord flog er allerdings nur 2.500 Kilometer weit, zu wenig für American Airlines und wie sich in Gesprächen mit weiteren möglichen US-Kunden rasch herausstellte auch viel zu wenig für sie. Transkontinentale Reichweite war ein Muss. Mit zwei Motoren war das bei einem so großen Flugzeug nicht zu machen; die Leistung der neuen Bläsertriebwerke reichte dafür noch nicht aus. Ein dritter Motor musste her. Boeing hatte mit der Entwicklung der 747 und der überschallschnellen 2707 alle Hände voll zu tun hatte und beteiligte sich nur mit einer von Anfang an chancenlosen dreistrahligen Varianten der 747 an dem Rennen.

Am 1. September 1969 war der Rollout der L-1011 TriStar. Sie sollte Lockheed den Verbleib im zivilen Markt sichern. Das Flugzeug war technisch hervorragend. Die Kabine (Bild unten: TWA) war geräumig und komfortabel. Piloten wie Passagiere liebten es. Dank der Unterbringung des Triebwerks in der Höhenflosse war die Ten-Eleven außerdem für damalige Verhältnisse ungewöhnlich leise.

Dennoch hatte Douglas ernstzunehmende Konkurrenz. Diese saß praktisch vor der Haustür, in Burbank, keine 50 Kilometer nördlich von Long Beach. Mit der Constellation-Baureihe hatte Lockheed die Ikone des Propellerzeitalters geschaffen, dann aber unter der Flut teils spektakulärer militärischer Projekte den Anschluss verloren. Die letzte Lockheed Electra, eine von vielen Sicherheitsproblemen geplagte viermotorige Turboprop für Mittelstrecken, aus der anschließend der U-Boot-Jäger P-3 Orion abgeleitet wurde, war 1961 ausgeliefert worden. Der Airbus war die letzte Gelegenheit, wieder im zivilen Markt Fuß zu fassen.

Um die Konkurrenz auszustechen, setzte Lockheed auf Geschwindigkeit. McDonnell Douglas, wie die Douglas Aircraft Company seit der Übernahme durch McDonnell im April 1967 hieß, arbeitete noch an der Auslegung der DC-10, da stellte Lockheed im September 1967 schon einen verbindlichen Entwurf samt Preis und Zeitplan vor. Mit 300 Passagieren in einer geräumigen Kabine mit einer 2-4-2-Bestuhlung würde die L-1011 TriStar eine Reichweite von 4.000 Kilometern haben. Bei ausreichendem Kundeninteresse plante Lockheed, im Frühjahr des kommenden Jahres mit dem Bau des Prototypen anzufangen. Erst zwei Monate später legte auch McDonnell Douglas seine Karten auf den Tisch. Der 19. Februar 1968 war der große Tag der Entscheidung. Für welches Flugzeug würde sich American Airlines entscheiden? In der Auslegung waren sich die DC-10 und die L-1011 bemerkenswert ähnlich. Äußerlich hervorstechend war allein die Unterbringung des dritten Triebwerks. Die Ingenieure in Long Beach hatten es über dem Rumpf sitzend in der Höhenflosse platziert, ihre Kollegen aus Burbank ähnlich der 727 in den Rumpf integriert, was für sehr niedrige Lärmwerte sorgte.

Ein ganz knappes Budget

McDonnell Douglas hatte für die DC-10 vieles übernommen, was es bereits in der DC-8 und DC-9 gab. Dahinter steckten keineswegs technische Erwägungen. Man war einfach äußerst knapp bei Kasse und nutzte deshalb, wo immer möglich, Vorhandenes. Lockheed hingegen startete mit einem weißen Blatt, setzte voll auf Technologie und präsentierte ein Flugzeug, das allen anderen seiner Zeit in vieler Hinsicht um Jahre voraus war. Die elektrisch abzudunkelnden Kabinenfenster zum Beispiel, die später allerdings aus Kostengründen gestrichen wurden, hielten erst beinahe 40 Jahre später bei der 787 Einzug

in den Airline-Alltag. Das Glanzstück aber war der Autopilot, der Landungen bei nur 50 Metern Sicht möglich machte. Mit ihm ließ sich das Flugzeug vollkommen automatisch fliegen, wie Lockheed 1972 demonstrierte. Bei einem vierstündigen Flug von Palmdale nach Dulles mit über 100 Medienvertretern an Bord, berührte der Pilot von der Startfreigabe bis zur Landung nicht ein einziges Mal die Steuersäule. Durch die moderne Avionik war die L-1011 nicht nur das fortschrittlichste Flugzeug ihrer Zeit, sie sticht auch aus der Umfallstatistik als das mit Abstand sicherste hervor. Die DC-10 kam im Laufe ihres Lebens auf 3,01 Totalverluste pro Millionen Flüge und ist damit solider Durchschnitt. Bei der Ten-Eleven hingegen waren es nur 0,74, drei Viertel weniger. Dieser Sicherheitsstandard wurde erst von Flugzeugen der 1980er-Jahre erreicht. So viel High-Tech hatte ihren Preis. Die L-1011 sollte über 17 Millionen Dollar kosten, beinahe so viel wie eine Boeing 747. Zuviel für American Airlines, die Bestellung über 25 Flugzeuge und 25 Optionen im Wert von 400 Millionen Dollar ging an McDonnell Douglas. Lockheed reagierte umgehend und senkte den Preis um fast 20 Prozent. Keine sechs Wochen später, verkündete das Unternehmen den Start seines TriStar-Programms und präsentierte der Welt ein mit 179 Bestellungen im Wert von 2,56 Milliarden Dollar prall gefülltes Orderbuch: Eastern Airlines, TWA, Delta, Northeastern und schließlich die in London ansässige Air Holdings. Ende April konnte McDonnell Douglas eine Bestellung über 30 Maschinen von United an Land ziehen; die DC-10 war gerettet.

Delta Air Lines gehört zu den Erstkunden der TriStar. Das Bild zeigt eine L-1011-500, die letzte Version des Dreistrahlers. Sie war vier Meter kürzer und hatte eine Reichweite von 9.900 Kilometern. Eine echte Konkurrenz zur DC-10 wurde sie aber nicht. Erstkunde war British Airways.

CATHAY PACIFIC
固本培元 健腦補腎

Während die Ingenieure aus Long Beach General Electric als Triebwerkslieferanten ausgewählt hatten, war die Wahl von Lockheed auf Rolls-Royce gefallen. Verglichen mit den ebenfalls noch in der Entwicklung befindlichen Triebwerken von General Electric und Pratt & Whitney war das RB211 das aussichtsreichere, wenn auch technologisch anspruchsvollere Konzept. Es lockte mit einem niedrigeren Treibstoffverbrauch und, weil die Fanschaufeln aus Kohlefaser statt Titan bestehen sollten, weniger Gewicht. Doch spätestens im Herbst 1969 wurde offenbar, dass Lockheed auf das falsche Pferd gesetzt hatte. Weit von den Zielmarken entfernt hatte der Motor zu wenig Schub, war zu schwer und verbrauchte übermäßig viel Treibstoff. Viel Arbeit war noch zu tun, der Zeitplan rutschte. Im Mai 1970 dann der Super-GAU: Beim Vogelschlagtest, bei dem tote Gänse in das mit Startleistung laufende Triebwerk katapultiert werden, versagten die Kohlefaserschaufeln. Dann stellte sich heraus, dass auch die Titanschaufeln, die Rolls-Royce vorsichtshalber parallel entwickelt hatte, überarbeitet werden mussten. Die Entwicklungskosten explodierten. Doch nicht nur das. Die Produktion des RB211 würde so teuer werden, dass der Verkaufserlös jedes Motors seine Kosten nur zu zwei Dritteln decken würde. Im Januar 1971 musste Rolly Royce Insolvenz anmelden und wurde verstaatlicht. Das Unternehmen war in höchstem Maße systemrelevant. Der Zusammenbruch dieses Eckpfeilers der britischen Luft- und Raumfahrtindustrie hätte unabsehbare Konsequenzen gehabt. Auch Lockheed kam dadurch in ernste finanzielle Schieflage, zumal die ersten Kunden ihre Bestellungen stornierten.

Am 16. November 1970 machte die TriStar ihren Erstflug. Am 26. April 1972 übernahm Delta das erste Flugzeug, mehr als ein halbes Jahr später als vereinbart. Die Luftfahrtkrise der 1970er-Jahre traf das Programm hart. Die Produktionsrate von zehn Flugzeugen pro Monat, für die die riesige Montagehalle in Palmdale an Rande der Mojave-Wüste ausgelegt worden war, wurde nie erreicht. Mit den Versionen -200 und -500, die unter anderem von Pan Am und von der deutschen LTU bestellt wurden, versuchte Lockheed zur DC-10 aufzuschließen. Vergebens. Am

In Deutschland stand die L-1011 für Urlaub. Ferienflieger LTU setzte die -500 ab April 1980 auf der Strecke Düsseldorf – Los Angeles ein.

◀ Cathay Pacific war der größte Betreiber der L-1011 in Asien und ersetzte sie ab 1995 durch den Airbus A330-300.

Eine DC-10-30 von Garuda beim Start auf dem 1998 geschlossenen Flughafen Honkong Kai Tak.

▶ Service in den 1970er-Jahren. SAS erhielt 1974 ihre erste DC-10.

19. August 1983 wurde die Produktion nach 250 Flugzeugen geschlossen, nach Schätzungen der New York Times mit einem Verlust von 2,5 Milliarden Dollar. Die letzte aktive L-1011, eine 1974 an Air Canada ausgelieferte Maschine, wird von Northrop Grumman als Plattform für Raketenstarts eingesetzt.

Drei sind einer zuviel

Nachdem sich nach American Airlines auch United für die DC-10 entschieden hatte, gab Firmenchef James S. McDonnell, genannt Old Mac, die Order, mit Volldampf loszulegen. Und man gab Vollgas. Von der United-Unterschrift bis zum Erstflug am 29. August 1970 vergingen nur 26 Monate – und das bei einer vollkommenen Neuentwicklung. 1.270 Ingenieure arbeiteten an dem Projekt. Eine 56.000 Quadratmeter große Produktionshalle und ein ebenso großes Zwischenlager wurden gebaut, dazu ein 25.000 Quadratmeter großer Entwicklungshangar. Ein Viertel aller Arbeiten wurde einschließlich der Entwicklung auf eigene Kosten an Zulieferer vergeben, ein weiteres Viertel an Tochterunternehmen von McDonnell Douglas. General Dynamics in

San Diego produzierte den Rumpf, Seitenflosse und Rumpfbeplankung kamen von Aerfer in Italien und das Cockpit wurde bei McDonnell Douglas in Santa Monica gebaut.

Der Jungfernflug fand am 29. August 1970 statt. Elf Monate und 1.551 Flugstunden später wurden die ersten beiden DC-10-10 am 29. Juli 1971 an American und United übergeben. Noch während das Basismuster auf den Reißbrettern entstand, begannen McDonnell Douglas und General Electric mit der Entwicklung einer größeren Variante, der DC-10-30 mit entsprechend leistungsstärkeren Triebwerken. Das war genau das Flugzeug, das Northwest Airlines für seine Transpazifik-Strecken brauchte. Aber ein GE-Triebwerk wollte Northwest-President Donald W. Nyrop partout nicht. »Wenn ich eine Glühbirne will, gehe ich zu GE, wenn ich ein Triebwerk will, gehe ich zu Pratt & Whitney«, sagte er und kaufte 14 Flugzeuge mit dem JT9D. Diese Variante erhielt später die Typenbezeichnung DC-10-40 und wurde sonst nur noch von Japan Airlines bestellt.

Die größere Reichweite machte den Dreistrahler auch für die europäischen Airlines interessant. Am 7. Juni 1969 bestellte das aus Swissair, KLM, SAS und der französischen UTA bestehende KSSU-Konsortium 36 DC-10-30. Auch die ATLAS-Gruppe aus Lufthansa, Alitalia, Iberia, Sabena und Air France war interessiert. Jedoch war die Reichweite für die Lufthansa-Strecken nach Los Angeles und Rio zu gering. Ein Meter mehr Spannweite, einige aerodynamische Verbesserungen an den Flügeln und zwei zusätzliche Tanks lösten das Problem, so dass auch Lufthansa sich für das Flugzeug entschied.

Aber neue Konkurrenz in Gestalt von Airbus A300-600, A310 und Boeing 767 drängte schon bald in den Markt. Das Zeitalter der großen Twins brach an, und die DC-10 sollte ihr erstes Opfer werden. 1981 war der Orderbestand der DC-10 auf nur noch 19 Flugzeuge geschrumpft, Zum Glück hielten KC-10-Tanker für die U.S. Air Force die Produktionslinie bis Ende 1987 offen. Das Programm war zwar nie profitabel gewesen, aber sich aus dem Markt der Großraumflugzeuge zurückzuziehen und nur noch MD-80s zu bauen kam nicht infrage. Eine zur MD-11 weiterentwickelte DC-10 mit modernen Triebwerken, Winglets und einem Zwei-

American Airlines war mit einer Bestellung von 30 Flugzeugen Erstkunde der DC-10.

Finnair erhielt am 7. Dezember 1990 als erste Airline die Passagierversion der MD-11. Insgesamt hatte die Airline fünf Maschinen in der Flotte. Die letzte wurde 2010 ausgemustert und zum Frachter umgebaut.

Mann-Cockpit sollte die Wende bringen. Die ersten Kunden kamen aus Europa: Swissair, Alitalia, Finnair, Britisch Caledonian. Zum Programmstart meldete McDonnell Douglas 52 Bestellungen und 40 Optionen. Eine Bestellung von American Airlines kurz vor dem Rollout verlieh dem Flugzeug zusätzliche Glaubwürdigkeit. Delta und Singapore Airlines folgten.

Das Ziel nicht erreicht

Aber McDonnell Douglas patzte. Schon während der letzten Phase der Flugerprobung hatte sich gezeigt, dass das Flugzeug um fünf bis sieben Prozent hinter den garantierten Leistungen in Bezug auf Reichweite und Nutzlast zurückbleiben würde. Um die volle Reichweite zu schaffen, hätten 60 Sitze leer bleiben müssen. Es dauerte fünf Jahre, bis die MD-11 auf volle Leistung getrimmt war, Jahre, in denen das Unternehmen die Kunden mit Ausgleichszahlungen entschädigen musste. Noch schlimmer aber war, dass Singapore Airlines ihre 20 Flugzeuge abbestellte und stattdessen Airbus A340-300 kaufte, mit denen sie allerdings auch nicht glücklich wurde und sie später in Boeing 777 umtauschte. Andere Kunden folgten. Zu den Schattenseiten der MD-11 gehört ihre Sicherheitsstatistik. Um aus der alten DC-10 möglichst viel Leistung herauszukitzeln, hatten die

Ingenieure in Long Beach den Schwerpunkt des Flugzeugs so weit nach hinten verlegt, wie bei keinem anderen modernen Verkehrsflugzeug. Zudem ist die Anfluggeschwindigkeit um etwa 40 Stundenkilometer höher als bei vergleichbaren Jets. Ein solches Flugzeug verzeiht keine Fehler. Hinzu kamen Probleme mit der Software der Flugsteuerung. Obwohl der technische Fortschritt Verkehrsflugzeuge von Generation zu Generation immer sicherer gemacht hat, steht die MD-11 in der Unfallstatistik deutlich schlechter da als die 20 Jahre ältere DC-10.

Als am 25. Juli 1989 letzte von insgesamt 446 gebauten DC-10 in Long Beach an Nigeria Airways übergeben wurde, da hatte die zweite Karriere dieses Flugzeugs begonnen. FedEx hatte erkannt, dass sich der große Rumpf für Paketfracht eignete, und im Mai 1984 die ersten von elf DC-10-30 Frachtern bestellt. Jede vierte ausgelieferte DC-10 wurde später zum Frachter umgebaut. MD-11 glänzte ebenfalls genau in dieser Disziplin. FedEx kaufte 22 fabrikneue MD-11F und hat seine Flotte inzwischen auf 58 Maschinen erweitert. Als Boeing nach der Übernahme von McDonnell Douglas 1998 die Einstellung des verlustbringenden Programms verkündete, nutzte Lufthansa Cargo die Gunst der Stunde und sicherte sich die letzten 14 Lieferpositionen zum Vorzugspreis. Am 15. Oktober 2021 wurde die letzte von ihnen ausgemustert.

Eine der vier MD-11 der LTU im Anflug auf Palma de Mallorca. Das Flugzeug erwies sich aber letztlich als zu groß. Alle Maschinen wurden im Herbst 1998 von der Swissair übernommen.

Die 747 – Queen of the Skies

Seit Anbruch der Jet-Zeitalters hat kein Flugzeug den Luftverkehr so stark verändert wie die Boeing 747. Sie zu bauen, war ein großes technisches, vor allem aber wirtschaftliches Wagnis. Boeing wäre an diesem Unterfangen fast zerbrochen. Für Pan Am, die mit dem Jumbo ihre Dominanz im Interkontinentalverkehr zementieren wollte, war das Flugzeug der Anfang vom Ende. Man hatte sich übernommen. Insgesamt aber läutete die 747 im Passagierverkehr wie bei der Fracht eine neue Ära ein. Mit ihr wuchs die Welt ein ganzes Stück mehr zusammen.

»If you buildt it, I'll buy it« – »If you buy it, I'll build it.« Kaum jemals in der Geschichte der zivilen Luftfahrt, wenn nicht in der Wirtschaftsgeschichte überhaupt, haben zwei kurze Sätze so weitreichende Auswirkungen gehabt. »It», das war ein Verkehrsflugzeug zweieinhalb mal größer als alles was bis dahin am Himmel unterwegs war, ein Gigant an der Grenze des Machbaren mit Platz für rund 400 Passagiere. Ihn zu bauen würde in jeder Hinsicht eine Herausforderung sein – technisch, logistisch und auch finanziell.
Der eine der beiden Männer, von denen diese Sätze stammen, war Juan T. Trippe, Gründer und Chef von Pan American Airways, der größten und angesehensten Fluggesellschaft der Welt. Der andere William M. Allen war der CEO von Boeing. Beide befanden sich auf einem gemeinsamen Angelausflug in Allens Wochenendhaus in den Cascade Mountains nahe Seattle.

Man kann nicht sagen, dass die beiden einander persönlich besonders mochten. Zu unterschiedlich waren sie von Naturell und Herkunft. Trippe, Jahrgang 1899, war ein typischer Vertreter der East-Coast-Elite. Der Vater war Investmentbanker und Broker an der Wall Street. So war Trippe in gut betuchten Verhältnissen in New York aufgewachsen, hatte in Yale studiert und der Wall Street schon nach kurzem gelangweilt den Rücken gekehrt. Statt bei Trippe & Company in die Fußstapfen seines Vaters zu treten, hatte er im Alter von 25 Jahren Long Island Airways gegründet. Trippe war das, was man einen Macher nennt – energiegeladen, voller raumgreifender Ideen und zutiefst überzeugt von der großen Zukunft der kommerziellen Luftfahrt, die gerade ihre ersten Gehversuche unternahm. Seine Großspurigkeit und sein ausgeprägtes Machtbewusstsein machten ihn allerdings für seine Umwelt bisweilen schwer zu ertragen. US-Präsident Franklin Delano Roosevelt bezeichnete Trippe einmal als »den faszinierendsten Yale-Gangster, den ich je getroffen habe«.

Bill Allen hingegen, ein Jahr jünger als Trippe, stammte vom Lande. Aufgewachsen im stramm konservativen Milieu einer Kleinstadt mit wenigen hundert Einwohnern in Montana, hatte er an der University of Montana studiert und an der Harvard Law School graduiert. 1925 hatte er in Seattle seinen ersten Job bei der Anwaltskanzlei Donworth, Todd & Higgins übernommen. Einer ihrer Kunden hieß Boeing. Der junge Jurist machte seinen Job so gut, dass er 1931 Boeing-Aufsichtsrat, 1935 Justitiar und 1945 schließlich Präsident des Unternehmens wurde.

Er war der erste Boeing-Chef, der kein Ingenieur war. So musste er sich auf das Urteil seiner Technik-Experten verlassen. Genau das war eine seiner Stärken. Sein Erfolgsrezept beschrieb er später einmal mit den Worten: »Gute Führungskräfte finden, ihnen vertrauen und die Ergebnisse ihrer Arbeit gewürzt mit einer Prise Salz gären lassen.« Mit dieser Haltung steuerte Boeing durch die bis dahin schwierigste Phase der Unternehmensgeschichte mit dem abrupten Ende der riesigen Kriegsproduktion und dem risikoreichen Übergang ins Jet-Zeitalter. Unter Allens Ägide wurde Boeing zum führenden zivilen Flugzeughersteller und zur Ikone der amerikanischen Industrie.

Nachdem die 707 der Konkurrenz das Heck gezeigt hatte, die 727 sich anschickte, die in sie gesetzten Erwartungen zu übertreffen, und auch die Entwicklung der kleinen 737 auf einem guten Weg schien, war es logisch, dass das nächste Boeing-Projekt kein größeres Flugzeug sein würde, sondern ein schnelleres. Im November 1963 hatten Großbritannien und Frankreich ein Abkommen

Zwei Männer, deren Handschlag die 747 möglich machte: Boeing-Chef Bill Allen (links) und Pan Am-Gründer Juan T. Trippe. Hier beim Roll-out der 747 waren beide schon nicht mehr im Amt.

über die Zusammenarbeit bei Entwicklung und Bau eines Überschallverkehrsflugzeugs unterzeichnet. Sich von den Europäern abhängen lassen, wie bei der deHavilland Comet, dem erstem Passagierjet, geschehen, kam nicht in Frage. Noch schlimmer war, dass man spätestens seit einem Artikel in einer russischen Fachzeitschrift vom Januar 1962 wusste, dass es auf der anderen Seite des Eisernen Vorhangs ebenfalls ernstzunehmende Pläne für einen zivilen Überschalljet gab.

So war das SST (Supersonic Transport) für Boeing *the next big thing*. Die technologische Herausforderung lockte, ebenso die Aussicht, mit diesem Zukunftsprojekt die Position im Markt für Verkehrsflugzeuge weiter zu festigen. Hinzu kam, dass sich dieses Projekt von allen bisherigen zivilen Entwicklungsprogrammen in einem entscheidenden Punkt unterschied: Für die 707 hatte Bill Allen das Unternehmen an die Grenzen seiner finanziellen Leistungsfähigkeit bringen müssen. Alle Weiterentwicklungen des Jets ebenso wie die 727 und die gerade laufende 737 hatte Boeing selbst finanziert. Überschallverkehr aber war ein Projekt von nationaler Bedeutung, für das die Regierung in Washington tief in die Steuerkasse griff. Neben dem 85 Meter langen, Mach 2,7 schnellen Jet mit Platz für 290 Passagiere und einem Abfluggewicht von über 300 Tonnen würde sich die Concorde bescheiden ausnehmen.

Die zwei Väter des Erfolges

Der Titel »Vater der 747« wird gewöhnlich Joe Sutter zugeschrieben, dem begnadeten Chefingenieur der 747. Was die technische Seite betrifft ist das ohne Zweifel richtig. Er war der Mann, der es mit Sachverstand, technischer Kreativität und dank seiner Führungsqualitäten schaffte, dieses Wahnsinnsprojekt zum Erfolg zu machen.

Mit typischerweise 140 bis 150 Sitzplätzen war die Boeing 707 angesichts des rasanten Wachstums des internationalen Luftverkehrs in den 1960er-Jahren auf Dauer viel zu klein.

Der Anstoß, nein, der Druck auf Boeing, entgegen dem Zeitgeist ein Verkehrsflugzeug zu bauen, das nicht schneller, sondern viel, viel größer war als alle anderen, aber kam von Pan-Am-Chef Juan Trippe. Er war es auch, der dem Projekt 747 mit einer Bestellung in bis dahin nicht gesehener Größe die nötige Glaubwürdigkeit verschaffte. Trippe sah dem Überschallverkehr mit einer gewissen Skepsis entgegen. Zwar hatte er sich 15 Lieferpositionen der Boeing 2707 gesichert, aber seine Vision von der Zukunft des Luftverkehrs war eine grundsätzlich andere.

In Stanley Kubricks 1968 erschienenem Meisterwerk »2001: Odyssee in Weltraum« trägt der Space Clipper Orion III das Logo von Pan American World Airways. Bei jeder anderen Fluggesellschaft hätte das wie billige Schleichwerbung gewirkt. Aber dies ist eine Hommage. Wer sonst, wenn nicht Pan Am würde zu den Sternen fliegen? Wenn es einen Schrittmacher im Weltluftverkehr gab, dann war es die 1927 von Juan Trippe und dem steinreichen Cornelius Vanderbilt Whitney gegründete Gesellschaft mit dem Globus als Logo.

Die Luftfahrt hat viele Menschen angezogen, die weiter dachten als ihre Zeitgenossen und Neues wagten. Trippe aber gehört zu den wenigen echten Visionären. Er blickte nicht nur über den Tellerrand hinaus, er war ständig unterwegs zu neuen Horizonten. Und er erreichte sie. Er war ein exzellenter Verkäufer, aber nach allen Maßstäben ein durchaus mäßiger Manager. Teamwork und Delegieren waren seine Sache nicht. Mehr als einmal überraschte er seine Führungskräfte mit Aktionen, die das Ergebnis einsamer Entscheidungen waren und Fakten schufen. Das war seiner Ungeduld geschuldet, vor allem

Verglichen mit der Concorde war die Boeing 2707 ein Riese. Sie sollte dreimal mehr Sitze haben als die britisch-französische Konkurrenz und mit Mach 2,7 knapp 20 Prozent schneller fliegen.

aber dem Umstand, dass er Chancen erkannte lange bevor andere sie überhaupt ahnten.

Wie niemand sonst in den USA dachte Trippe den Luftverkehr von Anfang an in globalen Dimensionen. Für die Strecken nach Mittel- und Südamerika und in die Karibik ließ er 1929 über den Kontinent verteilt ein Netz von 72 eigenen Funkstationen errichten, um die Kommunikation mit seinen Flugzeugen sicherzustellen. Im selben Jahr heuerte er Charles Lindbergh als Berater an, damit dieser mögliche Routen über die Polarregionen nach Europa und Asien erkundete. In Vorbereitung für den Aufbau eines transpazifischen Streckennetzes ließ Trippe ab 1936 auf Inseln im Pazifik Basen für Zwischenlandungen und die Versorgung von Flugzeugen und ihren Passagieren errichten. Die Strecke New York – Lissabon eröffnete Pan Am 1939 mit der bahnbrechenden Boeing 314 Clipper, dem ersten Flugzeug, das die Airline von Boeing kaufte.

Trippe war überzeugt, dass Fliegen nicht nur etwas für die Gutbetuchten sein dürfe. Ähnlich einem Henry Ford in der Autoindustrie fand er, dass jeder in der Lage sein solle, sich ein Ticket zu leisten. Ein Flug nach London solle nicht mehr als 200 Dollar kosten, einen durchschnittlichen Wochenlohn, verkündete er 1949 anlässlich der Vorstellung der ersten Boeing 377 Stratocruiser auf dem Boston Logan Airport.

So wenig wie Henry Ford ein Wohltäter war, entsprang Trippes Vision von der Demokratisierung der Luftfahrt sozialem Engagement. Er sah das Flugzeug als den Schlüssel zum Massentourismus. Früher als andere hatte er die enormen Skaleneffekte in der Luftfahrt begriffen: Größere Flugzeuge senken die Kosten pro Passagier und erhöhen

In nur dreieinhalb Jahren brachten Joe Sutter und sein Team ein Verkehrsflugzeug in die Luft, wie es keines zuvor gegeben hatte. Nicht umsonst nannte man das Team »The Incredibles«, den sie vollbrachten tatsächlich Unglaubliches.

den Gewinn. Vor allem aber hatte Trippe erkannt, dass niedrige Preise der Schlüssel zum Wachstum waren. Millionen Amerikaner, die als Touristen nach Europa und Asien reisten, würden dort Milliarden an harten Dollar ausgeben, Geld, das diese Länder wiederum in die Lage versetzen würde, Waren amerikanischer Unternehmen zu kaufen. Gleichzeitig würde das der Wirtschaft in den Zielländern auf die Beine helfen und so den amerikanischen Steuerzahler von den immensen Kosten der Wiederaufbauprogramme entlasten. Folgerichtig nur, dass Trippe 1946 die Intercontinental Hotel Corporation als Tochter seiner Fluggesellschaft gründete, um deren Passagieren in der Fremde eine ihrem Geschmack und ihren Bedürfnissen entsprechende Unterkunft zu bieten. Gleichzeitig erhöhte er damit natürlich den Anteil am Reisebudget, der in die Kassen von Pan Am floss.

Die Boeing 707 war genau das richtige Flugzeug für seine Vision vom weltumspannenden Luftverkehr. Bis 1965 bestellte Pan Am insgesamt 135 Stück und wurde damit zu Boeings wichtigstem Airline-Kunden. Aber spätestens seit Anfang der 1960er-Jahre hatte der Jet, der den internationalen Luftverkehr revolutionierte, einen gravierenden Nachteil: Er hatte typischerweise nur 141 Sitze, viel zu mickerig für Juan Trippes Ambitionen.

Boeing solle die 707 strecken, hatte er vorgeschlagen. Aber die mindestens 350 Sitzplätze, die er sich für das neue Flugzeug wünschte, waren beim besten Willen nicht drin, nicht einmal die 269 Sitze, die Douglas Aircraft mit der um zwölf Meter gestreckten DC-8 Super Sixties den Kunden in Ein-Klassen-Bestuhlung versprach. Das kürzere Fahrwerk der 707 und die größere Pfeilung der Flügel setzten einer Verlängerung des Rumpfes enge Grenzen, eine Situation ähnlich der, die Boeing später im Wettlauf zwischen 737 und A321 erlebte.

Ein Anruf beim Nachbarn

Es war klar, dass etwas ganz Neues her musste. Dass ein Flugzeug in dieser Größenordnung technisch machbar war, wusste man aus dem laufenden Wettbewerb um das CX-HLS-Projekt, einen strategischen Megatransporter für das amerikanische Militär. C stand für Cargo, X für Experimental, HLS für Heavy Lift System. Entscheidend war, dass mit den neuen Bläsertriebwerken Motoren in einer ganz neuen Schubklasse verfügbar waren. Ende September 1965, eine Woche bevor Konkurrent Lockheed den Zuschlag für die spätere C-5A Galaxy erhielt, setzte Boeing mehrere hundert Ingenieure an ein Entwicklungsprogramm mit dem Namen 747. An die

Spitze wurde Joe Sutter berufen, der Mann, dessen Name mit dem Jumbo verbunden ist wie kein anderer.

Sutter, Jahrgang 1921, war in West Seattle aufgewachsen. Von dort schaut man auf das stetig wachsende Werk von Boeing auf der anderen Seite des Duwamish River herab. Er hatte an der University of Washington Aeronautical Engineering studiert und dann bei Boeing angeheuert. Ein besser bezahltes Angebot von Douglas hatte er ausgeschlagen, weil seine Frau Nancy schwanger war. »Ich habe ein West Seattle Girl geheiratet, und die wollen da nun einmal nicht weg«, scherzte er später.

Seine ersten Sporen verdiente er sich beim Stratocruiser. Das Projekt litt unter einer Vielzahl technischer Probleme mit der Steuerung und den Triebwerken. Sutters Aufgabe war es, die Sache in Ordnung zu bringen. Er erwarb sich dabei schnell den Ruf einer Allzweckwaffe, die auch schwierige Fälle lösen konnte. Im Team der Dash 80, aus der die Boeing 707 entstand, war er Chef-Aerodynamiker. Dank seiner Fähigkeiten als Ingenieur und seiner Führungsqualitäten kletterte er zügig die Karriereleiter aufwärts. Bei der 727 war Sutter für das komplexe Klappensystem verantwortlich, das dem Flugzeug erlaubte, von relativ kurzen Pisten aus zu operieren. Und auch bei der 737 spielte er eine Schlüsselrolle. Für die Unterbringung der Triebwerke unmittelbar unter dem Flügel erhielt er sein erstes Patent.

Wie später Sutter erzählte, machte er mit seiner Frau gerade ein paar Tage Urlaub in seinem Ferienhaus am Hood Canal am Fuße der Olympic Mountains westlich von Seattle, um sich vom Stress der 737-Arbeiten zu erholen, als Dick Rouzie, Chefingenieur der Abteilung Commercial Airplanes bei seinem Nachbarn anrief. Der Grund: Er wolle ihm die Leitung für ein neues Flugzeugprogramm antragen. Für eine solche Aufgabe war Sutter mit seinen 44 Jahren eigentlich viel zu jung und zu niedrig in der Hierarchie angesiedelt. Dass man ihm trotzdem dieses Angebot machte, zeigt zweierlei: Man hielt große Stücke auf ihn und das neue Flugzeugprogramm hatte intern nicht denselben Stellenwert wie der Überschalljet 2707. Sutter nahm an und fuhr zurück nach Seattle.

Juan Trippe hatte Pan Am zur mit Abstand bedeutendsten und angesehensten internationalen Fluggesellschaft gemacht. Der Globus in seinem Büro war ein Erbstück, dass er tatsächlich nutzte, um neue Strecken auszutüfteln.

Was dann begann, ist eine Geschichte, die ihresgleichen sucht. Von der neuen 747 gab es zu diesem Zeitpunkt wenig mehr als eine vage Vorstellung hinsichtlich Kapazität und Reichweite. Und trotzdem dauerte es nach diesem Anruf nur dreieinhalb Jahre, bis der Riesenvogel zum Jungfernflug abhob. In dieser Zeit wurde nicht nur ein Flugzeug, wie es noch keines gegeben hatte, von Grund auf neu entwickelt. Auch die komplette Produktion für Rumpf und Flügel und nicht zuletzt für die Endmontage des Riesenfliegers

Mit diesem Entwurf unterlag Boeing beim Projekt CX-HLS gegen den Konkurrenten Lockheed. Im Nachhinein erwies sich das als Glücksfall, denn so hatte Boeing die notwendigen Kapazitäten für die 747.

wurden förmlich aus dem Boden gestampft. Denn weder in Renton, am Südende des Lake Washington, noch im Stammwerk am East Marginal Way in Seattle war genug Platz. Kein Wunder, dass Jo Sutters 747-Team schon bald intern den ehrfurchtsvollen Namen »The Incredibles« erhielt. Was es auf die Beine stellte, war ja auch in der Tat unglaublich. Dabei gab es für die 747 noch keinen einzigen Kunden, wenn man einmal von dem Handshake Deal zwischen Juan Trippe und Bill Allen absieht. Wie groß das Interesse für so ein Flugzeug sein würde, war angesichts des allgemeinen Hypes um das Thema Überschall ohnehin fraglich.

Zuallererst stellte sich natürlich die Frage der allgemeinen Auslegung. Die später in Europa aus naheliegenden Gründen kolportierte Geschichte, Boeing habe einfach nur seinen Entwurf für das gescheiterte Projekt CX-HLS genommen und etwas umgeändert, ist vollkommener Unfug. Die Anforderungen an einen Militärtransporter und ein Passagierflugzeug sind so grundlegend verschieden, dass man das eine nicht so ohne weiteres in das andere überführen kann. Schon optisch gibt es zwischen beiden kaum Gemeinsamkeiten, mal abgesehen von den vier Triebwerken und dem oben liegenden Cockpit. Letzteres stellte sich aber erst während des Entwicklungsprozesses als sinnvollste Lösung heraus. Auch befanden sich in Sutters Team nur eine Handvoll Ingenieure, die an dem Wettbewerb um die spätere C-5A teilgenommen hatten.

Noch im September präsentierte Boeing ausgewählten Airlines den ersten Entwurf für eine Familie aus drei Flugzeugen mit 311, 363 und 433 Sitzen. Es handelte sich um einen Mitteldecker, mit zwei Passagierdecks in nach dem Double-Bubble-Prinzip übereinandergestapelten Rumpfröhren. Die größte Variante mit dem vorläufigen Namen 747-5 hätte ein Abfluggewicht von 270 Tonnen und eine Reichweite von 10.700 Kilometern gehabt. Ihre Betriebskosten lagen Berechnungen zufolge um 30 Prozent unter denen einer 707-320. Diese Konfiguration hatte eine Menge Nachteile, allen voran die Zweiteilung des unteren Decks durch den Flügelmittelkasten sowie die auf unterschiedlichen Ebenen angeordneten Türen. Sie machten nicht nur das Ein- und Aussteigen sowie die Beladung des Flugzeugs mit Catering kompliziert, sondern warfen auch

Fragen nach der schnellen Evakuierung bei einem Unfall auf. Vom Oberdeck zum Erdboden wären an die sieben Meter zu überwinden gewesen.

Heute würde niemand mehr einen Gedanken an eine solche Lösung verschwenden. Man weiß einfach, was geht und was nicht. Passagierflugzeuge mit Jetantrieb sind Tiefdecker. Die Kunst besteht darin, aus dieser Standardkonfiguration das Optimum herauszuholen, an Ausnutzung des Raumes, aber auch an Flexibilität. Sutter und sein Team bewegten sich dagegen auf Neuland. Die technischen und operationellen Vor- und Nachteile der verschiedenen Konfigurationen galt es erst herauszuarbeiten. Rund 50 Varianten mit Doppeldeck wurden entwickelt, diskutiert, verändert, potenziellen Kunden vorgestellt und wieder verworfen. Die sorgfältig lackierten, aus heutiger Sicht teils bizarr anmutenden, hölzernen Modelle für die Gespräche mit den Fluggesellschaften werden bis heute im Archiv von Boeing in Seattle aufbewahrt.

Juan Trippe war trotz aller praktischen Nachteile ein großer Fan der doppelstöckigen Auslegung. Aber es gab gravierende technische Gegenarguemnte, die Sutter und sein Team beim besten Willen nicht aus der Welt schaffen konnten. Im Verhältnis zur Spannweite war der Rumpf einfach zu kurz. Es wäre ein viel zu großes und folglich schweres Leitwerk nötig gewesen, um Richtungsstabilität und ausreichende Steuerbarkeit über den gesamten Geschwindigkeitsbereich sicherzustellen. Um aus diesem Dilemma herauszukommen schlug Sutter eine radikal andere Lösung vor: Ein Rumpf mit 6,10 Metern Innendurchmesser, darin zwei Gänge und die Sitze nach dem Schema 3-4-3 angeordnet. Um Trippe zu überzeugen, nahm er zum nächsten Meeting ein sechs Meter langes Seil mit, spannte es quer durch den Konferenzraum und sagte, den versammelten Führungskräften von Pan Am, sie säßen jetzt in der Kabine eines Widebody-Jets. Dann enthüllte das Team zwei Mockups – die bis dahin diskutierte doppelstöckige Auslegung und den neuen Vorschlag. »Als Trippe die große Kabine sah, änderte er seine Meinung sofort«, erinnerte sich Sutter später.

Auch andere Fluggesellschaften aus dem Kreis der Interessenten, darunter die Lufthansa, waren begeistert, denn der Entwurf eignete sich als Passagierflugzeug wie als Frachter gleichermaßen. Sutter und sein Team hatten den Rumpf so dimensioniert,

Im Boeing-Archiv in Seattle sind heute noch viele der Entwürfe vorhanden, die Sutter und sein Team den Fluggesellschaften vorstellten, bis sie endlich die endgültige Konfiguration für den Jumbo gefunden hatten.

Flugzeuge wie die 747 wurden nur durch eine neue Generation von Triebwerken möglich. Die erste Generation von Düsentriebwerken nutzte den Rückstoß der heißen Abgase, um Vortrieb zu erzeugen. Erst die Bläsertriebwerke, die ab Mitte der 1960er-Jahre entwickelt wurden, waren in der Lage, genug Schub zu erzeugen. Sie nutzen die Energie des Abgasstrahls, um mit Hilfe des sogenannten Fans, des großen Schaufelkranzes im Triebwerkseinlauf, kalte Luft außen am Kerntriebwerk vorbeizuschaufeln. Bei heutigen Triebwerken ist dieser Nebenstrom für über 90 Prozent des Schubs verantwortlich. Weil dem Abgasstrahl Energie entzogen wird, ist er langsamer und verursacht weniger Lärm.

dass man auf dem Hauptdeck zwei der gebräuchlichen Acht-Fuß-Container mit einer Breite von 2,44 Metern nebeneinander unterbringen konnte sowie Frachtpaletten mit einer Höhe von zehn Fuß. Anfänglich war geplant, das Flugzeug durch ein Frachttor seitlich am Rumpf zu beladen. Aber dann kamen Sutter und sein Team auf die Idee, die 747 mit einer hochklappbaren Nase zu versehen und das Cockpit sozusagen in den ersten Stock über die Kabine zu verlegen.

Nach einigen aerodynamischen Optimierungsarbeiten kam schließlich der charakteristische Buckel heraus, der die 747 schon äußerlich zu etwas Besonderem macht. Zugleich trägt er dazu bei, dass der Jumbo die aerodynamische Flächenregel einhält. Das erlaubt es ihm, näher an der Schallgrenze zu fliegen als jeder andere Airliner. Mit einer maximalen Reisegeschwindigkeit von Mach 0,89 war die 747 schneller als jedes andere Unterschallverkehrsflugzeug ihrer Zeit. Während der Flugerprobung erreichte sie sogar Mach 0,985.

Nur wenige Wochen nach der Vorstellung des neuen Konzeptes machte Trippe sein wirklich kühnes Versprechen wahr: Am 13. April 1966 bestellte Pan Am auf einen Schlag 25 Flugzeuge im Wert von 525 Millionen Dollar. Die gewaltige Dimension dieser Order wird deutlich, wenn man bedenkt, dass der zivile Auftragsbestand aller amerikanischen Flugzeughersteller zusammengenommen zu diesem Zeitpunkt gerade einmal 2,9 Milliarden Dollar betrug. Die Wettbewerber von Pan Am auf dem US-Markt appellierten an die Politik, die Einführung der 747 wegen drohender Wettbewerbsverzerrungen von Amts wegen zu verschieben. Aber schließlich zogen auch sie nach. Ende des Jahres waren bereits 80 Flugzeuge verkauft.

Übergewicht und andere Turbulenzen

Über den Berg war das Projekt damit noch lange nicht. Jetzt ging es an die harte Arbeit, das Flugzeug zu entwickeln und zu konstruieren sowie seinen Bau und die spätere Serienproduktion vorzubereiten. Der Zeitdruck war immens. Schon 1969 sollte der neue Jet seinen Liniendienst aufnehmen. Mit dem offiziellen Start des Programms wuchs allein Sutters Team schlagartig von 400 auf 4.800 Köpfe. Dabei war das Engineering nur die Spitze des Eisbergs.

Hunderte von Entscheidungen waren zu treffen, jede von ihnen mit weitreichenden Konsequenzen und viele auf schwankendem Boden, was die Fakten angeht. Da waren zum Beispiel die Triebwerke. General Electric schlug die zivile Version des TF-39-Motors vor, den man gerade für die Lockheed Galaxy entwickelte, Pratt & Whitney bot ebenfalls ein neuentwickeltes Triebwerk mit hohem Nebenstromverhältnis an und dann bewarb sich auch noch Rolls-Royce. Die neuen Triebwerke stellten einen ähnlich großen Technologiesprung dar wie die 747 selbst. Boeing entschied sich für die gefühlt konservativste Lösung: Pratt & Whitney war ein Partner, den man gut kannte. Seine Motoren flogen bereits in der 707, 727 und 737 und hatten sich dort bewährt.

Das JT9D, das erste zivile Bläsertriebwerk, hatte einen Fan-Durchmesser von 2,44 Metern. Es war doppelt so groß und doppelt so schwer wie die JT-3D-Motoren der Boeing 707 und lieferten dreimal so viel Schub. Die Entwicklung verlief aber längst nicht so glatt wie erhofft. Bei den ersten Testläufen war die Leistung so gering, dass die Ingenieure zunächst fieberhaft nach einem Fehler im Teststand suchten. Aber es war der Motor. Es war noch viel Arbeit nötig, um die Herausforderungen der neuen Technologie in den Griff zu bekommen. Das merkten später auch die ersten Kunden.

Es scheint eine Art Naturgesetz zu sein, dass Flugzeuge immer schwerer geraten als geplant. Kaum ein Programm, bei dem sich nicht irgendwann herausstellt, dass das angepeilte Gewicht nicht zu halten ist. Gewicht kostet Treibstoff, Nutzlast und Reichweite. Bei der 747 war das nicht anders, obwohl Boeing alles daran setzte, das Gewichtsziel einigermaßen zu halten. In keinem Flugzeug zuvor wurde so viel Titan verbaut. Elf Prozent des Strukturgewichts bestehen aus diesem teuren und schwer zu verarbeitenden Metall.

Es gibt die immer wieder erzählte und keineswegs unglaubwürdige Geschichte eines »privaten« Abendessens von Boeing-Ingenieuren mit russischen Kollegen während der Luftfahrtschau von Le Bourget von 1967. Die in Metallurgie gewieften Russen sollen den Boeing-Mitarbeitern Tipps über die Verarbeitung von Titan gegeben haben, die Amerikaner revanchierten sich mit ein paar Kniffen, die den Russen halfen, Probleme bei der Aerodynamik der Tu-144 zu lösen. Jede Seite schrieb das Wichtigste vor sich auf das blütenweiße Tischtuch. Dieses wurde dann zerschnitten und die Hälften getauscht. Im Kampf um jedes Kilogramm wurde erstmals Honeycomb eingesetzt, bei dem die Außenseiten nicht aus dünnen Glasfaserplatten bestanden, sondern aus Nomex, einem neuartigen synthetischen Spezialpapier. Das sparte eine halbe Tonne. Eine nochmalige Verfeinerung des Flügels im Windkanal brachte weitere 500 Kilogramm.

Am Übergewicht der 747 hatten auch die Kunden einen gehörigen Anteil. Bei ihnen war die Kreativität bei der Ausstattung des neuen Flugzeugs ins Kraut geschossen. Die Größe der Kabine verleitete offenbar dazu. Eine Airline, deren Bordküchen in der 707 gerade mal eine halbe Tonne wogen, präsentierte Boeing für die 747 ein Ausstattungskonzept, das glatte sechs Tonnen auf die Waage brachte. Im Sommer 1967 zeichnete sich ab, dass das maximale Startgewicht um 14 Tonnen über den mit den Kunden vereinbarten 308 Tonnen liegen würde. Pratt & Whitney musste die Leistung der Triebwerke entsprechend steigern, damit wenigstens die vereinbarten Werte hinsichtlich Startstrecke und Steigfluggradient eingehalten wurden.

14.000 Stunden im Windtunnel mit einem exakt maßstabsgetreuen 2,70 Meter großen Modell waren nötig, bis die optimale aerodynamische Form für das Flugzeug gefunden war. Die meiste Zeit davon ging in die Entwicklung des Flügels und des Klappensystems. Heute erledigt man vieles davon im Computer mit Hilfe ausgefeilter Strömungssimulationen. Ohne diese Werkzeuge war es mehr Kunst, Intuition und Erfahrung als exakte Ingenieurswissenschaft. Verschiedene Pfeilungen wurden ausprobiert und immer wieder neue Profile, um eine möglichst hohe Reisegeschwindigkeit zu ermöglichen. Als die Entwicklung des Flügels endlich abge-

Zu den eher bizarren Varianten der 747, die Boeing im Laufe der Zeit untersuchte, gehört auch dieses dreistrahlige Modell, mit dem Boeing gegen die Lockheed TriStar und die DC-10 antreten wollte.

Flugzeuge mit konventionellem geradem Flügel haben ungefähr ab Mach 0,7 mit einem rapide steigenden Luftwiderstand zu kämpfen. 1935 formulierte der deutsche Aerodynamiker Adolf Busemann die Hypothese, dass sich dieser Effekt durch eine Pfeilung des Flügels überwinden ließe. Messungen im Hochgeschwindigkeits-Windkanal der Aerodynamischen Versuchsanstalt Göttingen bestätigten diesen Effekt wenige Jahre später. Als amerikanische Spezialisten das Institut nach Kriegsende nach Verwertbarem durchsuchten, fanden sie viele Windkanalmodelle mit einer für sie seltsamen Flügelgeometrie. Boeing ließ diese Entdeckung sofort in die bereits weit fortgeschrittene Entwicklung des daraufhin beinahe schallschnellen Bombers B-47 Stratojet einfließen.

schlossen war, stellte sich heraus, dass die Lasten am Außenflügel viel zu hoch sein würden. Ein Desaster, denn damit stand das ganze aerodynamische Konzept auf der Kippe. Mehr noch: Das ganze Entwicklungsprogramm hing an einem seidenen Faden und mit ihm die Existenz des Unternehmens, denn die Entwicklung eines neuen Flügels wäre für Boeing finanziell kaum zu verkraften gewesen. Aber Sutter und sein Team fanden auch dafür eine Lösung. Sie verdrehten den Außenflügel um 3,5 Grad und konnten so die Belastung verringern.

Für Boeing war das eine finanzielle Nahtoderfahrung. Der Aufwand, den das Unternehmen für die 747 treiben musste, war so gigantisch wie das Flugzeug selbst. Intern war das Projekt angesichts der Risiken alles andere als unumstritten. Und nicht nur dort. Selbst Jo Sutters Frau Nancy musste sich beim Gemüsehandler um die Ecke skeptisch fragen lassen, ob dieses Riesending, an dem ihr Mann arbeite, denn überhaupt würde fliegen können. Boeing war damals der mit weitem Abstand größte Arbeitgeber in Seattle. Auch die Banken wurden zunehmend nervös und machten Druck. Um die Entwicklung der 747 finanzieren zu können, hatte Boeing das Aktienkapital erhöht, Schuldverschreibungen ausgegeben und sich von den Banken eine Kreditlinie von zusätzlichen 400 Millionen Dollar gesichert. Hochrechnungen zeigten, dass Boeing rund eine Milliarde Dollar investiert haben würde, bevor das erste Flugzeug ausgeliefert werden konnte. Um das für alle Beteiligten gewaltige Risiko auf mehrere Schultern zu verteilen, hatte Boeing mit den größten Zulieferern vereinbart, dass sie sich an den Kosten des Programms beteiligen, indem sie die Entwicklungskosten für ihre Bauanteile ganz oder zumindest teilweise selbst übernehmen. Heute ist das selbstverständliche Praxis, damals war diese Art der Risikopartnerschaft in diesem Umfang neu und fand rasch Nachahmer.

Dennoch kalkulierten die Kaufleute den Break Even bei 488 Flugzeugen. So viele Jumbos würde Boeing verkaufen müssen, um überhaupt den ersten Dollar zu verdienen. Der wirtschaftliche Druck war immens. Die Entwicklungskosten müssen runter, forderte die Finanzabteilung. Sutter wurde verdonnert, ein Konzept zu entwickeln, um sein Team zu verkleinern. Der Plan, den er beim nächsten routinemäßigen Statusbericht dem Vorstand präsentierte, sah aber nicht den Abbau von 1.000 Ingenieuren vor, sondern eine Vergrößerung des Teams um weitere 800. Anders sei der Zeitplan nicht zu halten. »Als ich aus diesem Meeting rausging, war ich sicher, dass sie mich feuern würden«, erzählte Sutter später. Er wurde nicht gefeuert. Seiner nüchternen Sachkunde konnte man sich offenbar nicht verschließen.

Superlative, wohin man schaut

Während sich die 747 zumindest auf dem Papier der Vollendung näherte, lief 50 Kilometer nördlich von Seattle eines der größten zivilen Bauprojekte überhaupt bereits auf Hochtouren, der Bau einer Produktionshalle von rekordverdächtigen Ausmaßen. Noch bevor der Vertrag mit Pan Am unterzeichnet war, hatte Boeing am Rande des ehemaligen Militärflugplatzes Paine Field südlich von Everett ein drei Quadratkilometer großes dicht bewaldetes Gelände erworben. Auch die McChord Air Force Base südlich von Tacoma war in der Wahl gewesen, aber in Everett war einfach mehr Platz, denn irgendwann würde ja auch die voraussichtlich 97 Meter lange Boeing 2707 hinzukommen, für die man ebenfalls riesige Hallen benötigen

Auch im Innern war die 747 eine Revolution. Das Kabinen-Mockup gab einen Vorgeschmack auf das Raumgefühl, das die Passagiere der 747 erwarten werde.

würde. Außerdem nutzte Boeing den Flugplatz schon seit längerem für Flugtests.

2.500 Arbeiter von mehr als 250 Firmen machten sich im Juni 1966 an die Arbeit. 100.000 Bäume wurden gefällt und das Gelände eingeebnet. Nach Angaben von Boeing wurde dabei mehr Erde bewegt als beim Bau des Panama-Kanals und des riesigen Grand-Coulee-Staudamms in Eastern Washington zusammen. Die Wetterbedingungen waren erbärmlich. Zwei Monate Dauerregen verwandelten das Gelände in eine Schlammwüste. Es gab Erdrutsche. Dann folgten Frost und Schneestürme. Gleichzeitig wurde eine Bahnlinie gebaut. Noch bevor das Gebäude fertig war, rollten schon die ersten Großbauteile an. Mit 330 Metern Länge und 90 Metern Breite war das Nest für den Jumbo die größte Produktionshalle der Welt. Im Mai 1967 war sie fertig. Geschätzte Baukosten: 200 Millionen Dollar, nach heutigem Wert etwa 1,6 Milliarden. Bereits im Frühjahr hatte Boeing in Auburn südlich von Seattle mit dem Bau einer neuen großen Fabrik begonnen, in der Zulieferteile für die unterschiedlichsten Boeing-Programme produziert wurden, darunter auch viele für die 747. Sie war Teil eines riesigen Zuliefernetzes, zu dem 1.500 größere und 15.000 kleine Unternehmen in 49 der 50 Bundesstaaten sowie sechs Staaten außerhalb der USA gehörten. Die Hälfte der Konstruktionsarbeit und, gemessen am Gewicht, 70 Prozent des Flugzeugs wurden von außen zugeliefert. Zeitweise überlegte Boeing für den Transport großer Baugruppen Super Guppys der Firma Aero Spacelines zu nutzen. Das waren Boeing Stratoliner, die für den Transport von Stufen der Saturn V-Mondrakete umgebaut worden waren und die später Airbus-Bauteile durch Europa flogen. Aber das hätte die Kosten weiter in die Höhe getrieben. Schiff und Schiene waren langsamer, aber billiger. Um die riesige Logistik in den Griff zu bekommen, beschaffte Boeing für das 747-Programm 80 hochmoderne Großrechner. Die Datenmenge für

▶▲ Der Riese sei lächerlich einfach zu fliegen, berichtete Chefpilot Jack Waddell nach dem Erstflug.

▶▼ Für das Pressefoto zum Rollout posierten die Stewardessen der 26 Fluggesellschaften, die die 747 bestellt hatten, vor dem Riesen.

die ersten 200 Flugzeuge kalkulierte man auf 200 Milliarden Bits, für damalige Verhältnisse eine schier unglaubliche Datenmenge. Heute würde das alles mühelos auf einen USB-Stick passen. Erstmals wurde ein Teil der technischen Zeichnungen elektronisch erstellt. Für den Versand an die Zulieferer wurden die Daten auf voluminöse Datenbänder geschrieben.

Angesichts der schieren Größe und Komplexität des Projektes grenzt es fast an ein Wunder, dass ernsthafte Rückschläge ausblieben. Es passierte nichts, was nicht wieder ausgebügelt werden konnte. Nur von Pratt & Whitney kamen keine guten Nachrichten; das Triebwerk blieb das Sorgenkind. Anfang Juli 1968 kam in Everett der große Moment: Die Flügel wurden mit dem von Northrop in Kalifornien gefertigten Rumpfmittelstück verbunden, dann folgte das Vorderteil des Rumpfes mit dem Cockpit, schließlich das Heck und zum Schluss das Leitwerk. Zum ersten Mal war der Gigant in seiner ganzen Größe zu bestaunen.

Kurz darauf begannen auch die Testflüge für das Triebwerk. Pratt & Whitney hatte eine Boeing B-52 von der Air Force geliehen und das rechte innere Doppeltriebwerk gegen das neue JT9D ausgetauscht. Bei vollem Schub hatte es knapp doppelt so viel Power, wie die beiden Motoren des riesigen Langstreckenbombers, die sie ersetzten, zusammen.

Für den Erstflug hatte 747-Programmchef Mal Stamper den 17. Dezember 1968 angesetzt, den 65. Jahrestag des Fluges der Brüder Wright in den Dünen von Kitty Hawk, eine hübsche, sehr werbewirksame Symbolik. Wenn man die Bedeutung in Betracht zieht, die die 747 für die Entwicklung der Verkehrsluftfahrt haben würde, dann war sie ganz sicher nicht übertrieben. Aber Symbole sind das eine, die Realität das andere. Diese bittere Erfahrung musste Boeing ziemlich genau 40 Jahre später noch einmal machen. Für den Roll-out der 787 hatten die Marketing-Weisen des Unternehmens den 8. Juli 2007 gewählt, in amerikanische Datumsschreibweise 7/8/7. Das Flugzeug, dass sie der Welt präsentierten war eine notdürftig zusammengeschusterte Hülle, ohne Cockpit, mit Türen der Fahrwerkschächte aus Sperrholz. Ein Desaster. Hätten sie doch einen Blick in die Geschichte des Unternehmens geworfen!

Auch an der 747, die am 30. September 1968 der Welt vorgestellt wurde, waren noch viele Arbeiten zu erledigen, wenn auch nicht ganz so viele wie später bei der 787. Äußerlich zwar fertig, war der Jet noch meilenweit von einem Erstflug entfernt. »Zum Glück hatten wir trotz der extremen Schwierigkeiten, mit denen Pratt & Whitney zu kämpfen hatte, vier brauchbare Triebwerke zu Verfügung« erinnerte sich Sutter. Dennoch war der Roll-out ein glanzvolles Ereignis mit 1.200 Ehrengästen, Tausenden von Boeing-Mitarbeitern und bestem Wetter, wofür es in Pacific Northwest zu keiner Jahreszeit eine Garantie gibt. Aber für das Debüt der Queen of the Skies zeigt sich der Himmel über Everett strahlend blau von seiner allerbesten Seite. 26 Fluggesellschaften hatten sich zu diesem Zeitpunkt bereits für die 747 entschieden. Ihre Logos prangten auf beiden Seiten des Rumpfes. Stewardessen dieser Kunden tauften das Flugzeug, indem sie jeder eine Flasche Champagner zerschlugen, natürlich nicht am Flugzeug selbst, sondern an einem Gestell mit einer Schutzscheibe unterhalb des Cockpits.

Bis der erste Jumbo mit dem Kennzeichen N7470 zum Erstflug startete, dauerte es von da an noch vier Monate. Am 9. Februar 1969, nachdem ein Wintereinbruch mit ungewöhn-

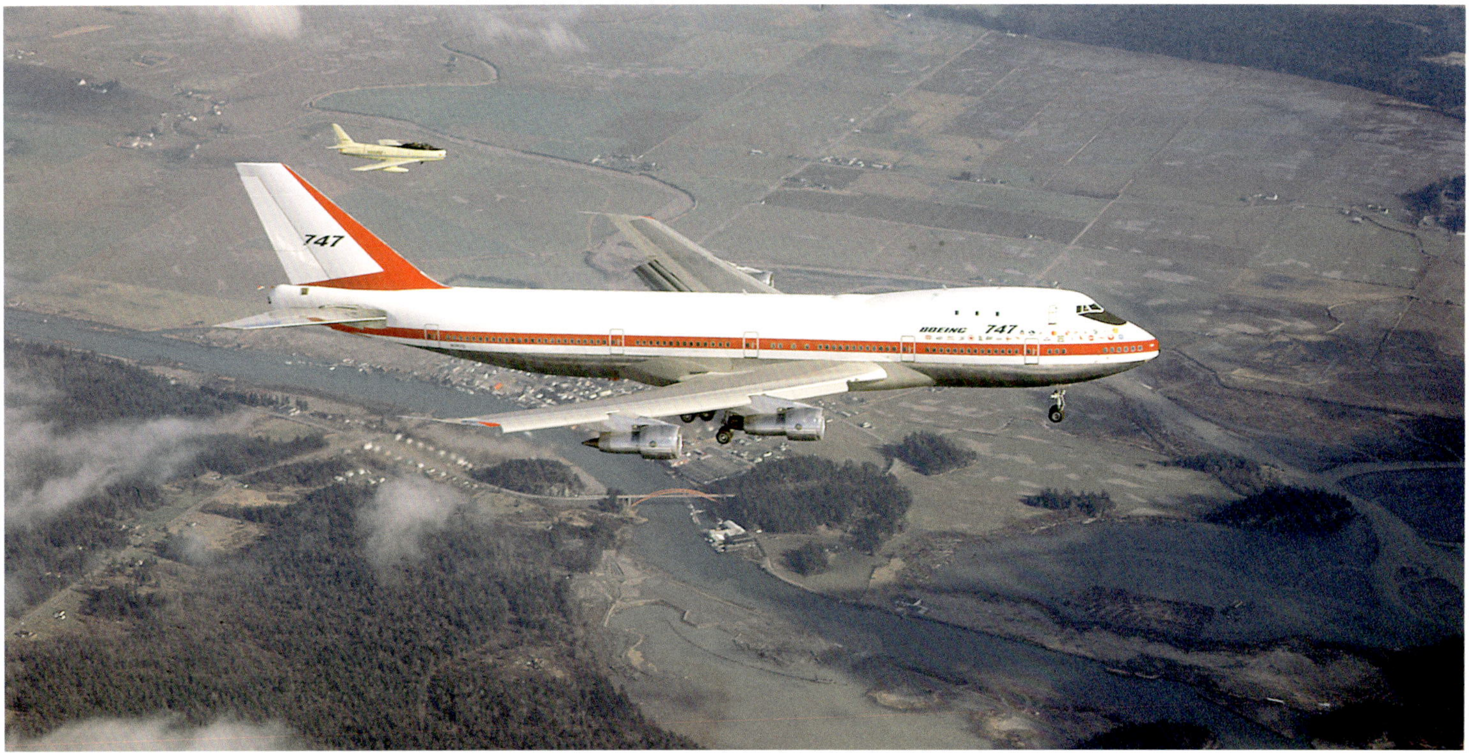
747
BOEING 747

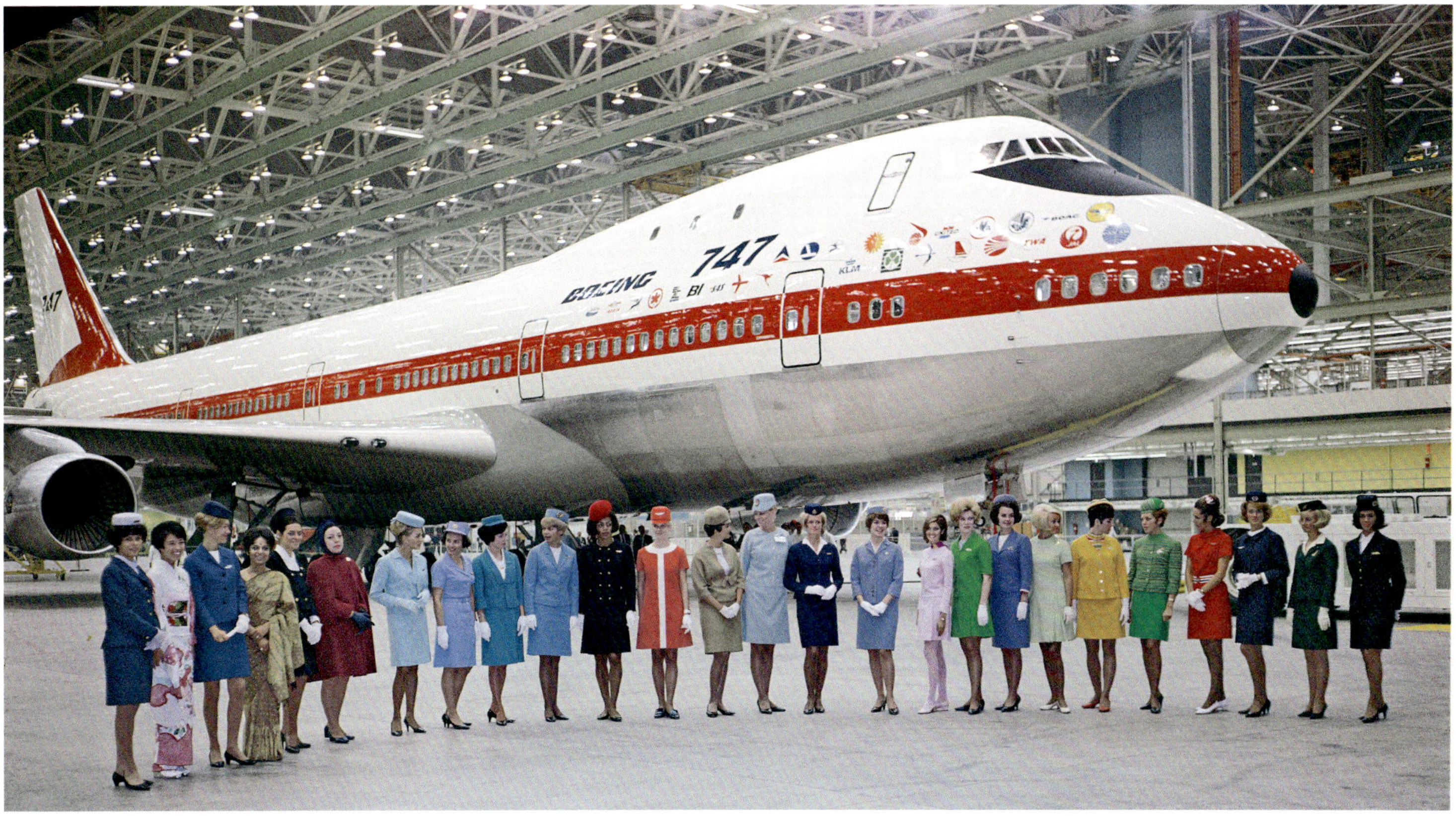
747
BOEING 747
KLM
TWA

Die frühen 1970er-Jahre waren knallbunt. Die 747 war eine Spielwiese für Designer, die sich dort nach Kräften austobten. Schließlich ging es um kein normales Flugzeug, sondern um die Königin der Lüfte. Vor alle die Lounges im Oberdeck und die Gestaltung der Ersten Klasse im Bug waren legendär.

Sehr schlicht ging es im Oberdeck des ersten Pan-Am-Jumbos zu. Später installierte die Airline hier einen exklusiven Dining Room mit 14 Plätzen. Auch für First-Class-Reisende galt: Invitation only.

Der berühmte amerikanische Designer Frank Del Giudice entwarf für Boeing die Groovy Tiger Lounge, Nachtclub-Atmosphäre im Unterdeck der 747. Das nach heutigem Geschmack schrill anmutende Design war voll auf der Höhe der Zeit. Sie hatte 30 Plätze.

Fenster gab es im Unterdeck der 747 nicht, dafür aber einen ganz besonderen Knüller: Durch den gläsernen Bartisch in der Mitte des Raumes sollten die Gäste auf die Erde unter dem Flugzeug sehen können. Die Idee fand bei den Kunden der 747 keinen Anklang. Sie packten den Bauch des Jumbos lieber mit schnöder, aber einträglicher Fracht voll. Im Museum of Flight in Seattle kann man sich vor einem Großfoto des Mock-ups fotografieren lassen, das Boeing damals bauen ließ.

Diese Boeing-Anzeige würde heute wohl nicht gerade als zeitgemäß gendergerecht bewertet werden. Damals sah man das eher als Humor.

lich niedrigen Temperaturen die Vorbereitungen für den Jungfernflug über Wochen behindert hatten, war es endlich soweit. Nach 1.300 Metern Rollstrecke erhob sich der Riesenvogel zum ersten Mal in sein Element. Joe Sutter hatte den Punkt vorherberechnet und stand mit seiner Frau an dieser Stelle neben der Piste. Wegen Vibrationen an einer Landeklappe verkürzte Cheftestpilot Jack Waddell den Flug um die Hälfte und landete vorsorglich nach 75 Minuten. Die Ursache war später schnell behoben. »Das Flugzeug ist lächerlich einfach zu fliegen. Es ist einfach ein Pilotentraum«, sagte er nach der Landung. Die Sorge Joe Sutters, dass es wegen der hohen Position des Cockpits schwierig sein würde, das Flugzeug zu landen, erwiesen sich als völlig unbegründet.

Die anschließende Flugerprobung verliefen weitgehend glatt, jedenfalls was das Flugzeug selbst betraf. Bei den Leistungstests zeigte sich, dass die 747 fünf Prozent weniger Luftwiderstand hatte als nach den Untersuchungen im Windkanal zu erwarten gewesen war. Dagegen zeigten sich die JT9D-Motoren gegenüber den vereinbarten Werten um fünf Prozent zu durstig. Doch das war nicht mal das schlimmste. Es kam immer wieder zu Ausfällen, weil sich das Gehäuse des Triebwerks zu weich war, sich infolge der hohen Kräfte verformte und die Turbinenschaufeln sich förmlich festfraßen.

Trotzdem wagte Boeing es, das Flugzeug im Juni zur wichtigen Luftfahrtschau nach Le Bourget zu fliegen. Der Aerosalon du Bourget 1969 war die Quintessenz eines Jahrzehnts, in dem die Luft- und Raumfahrt atemberaubende Fortschritte gemacht hatte. Die 747 stand dort neben der Concorde und ihrem russischen Gegenstück, der Tupolev Tu-144.

Während der Messe wurde die Gründung von Airbus vertraglich besiegelt. In der Woche vor der Airshow war Apollo 10 von der erfolgreichen Generalprobe für die Mondlandung zurückgekehrt und nur acht Wochen später, am 30. Juli 1969, würde zum ersten Mal ein Mensch seinen Fuß auf den Trabanten setzen. Nichts schien unmöglich, alles erreichbar. Nie zuvor und nie wieder danach wurden die Grenzen des technisch Machbaren in der Luft- und Raumfahrt mit einem solchen Tempo hinausgeschoben.

Am vorletzten Tag dieses außergewöhnlichen Jahrzehnts, dem 30. Dezember 1969, erhielt die 747 von der FAA, der amerikanischen Luftfahrtbehörde, ihre Zulassung. Drei Wochen später, am 21. Januar 1970 setzte PanAm den Riesen-Jet erstmals im Liniendienst ein. 332 Passagiere waren an Bord, als die N736PA »Clipper Victor« von Washington-Dulles mit sechs Stunden Verspätung in Richtung London-Heathrow startete. Schuld an der Verzögerung war ein Triebwerksproblem. Die JT9D-Motoren sollten den Fluggesellschaften noch lange eine Menge Kopfschmerzen bereiten.

Auch im Inneren ein Meisterwerk

1991 bat der britische Sender BBC den Star-Architekten Sir Norman Foster, zu dessen Meisterwerken der Umbau des Reichstags in Berlin gehört, im Rahmen der Reihe »Building Sights« sein Lieblingsgebäude vorzustellen. Fosters Wahl fiel auf die 747 und ihre Kabine, denn so revolutionär wie die 747 in technischer Hinsicht war, so revolutionär war auch ihr Inneres.

Genaugenommen ist es der Prototyp aller modernen Flugzeugkabinen. Seit den Tagen des Stratocuisers 1946 arbeitete Boeing mit dem in Seattle ansässigen Design-Büro Walter Dorwin Teague Associates zusammen, eine Partnerschaft, die bis heute anhält. Zusammen mit Boeing hatten die Designer tausende Reisende befragt, um herauszufinden, was Passagieren in einem Flugzeug wichtig ist, was sie vermissen und was sie stört. Auf Basis dieser Informationen entstand der »Superjet Look«. Dinge, die seitdem Standard sind, waren Teil dieses Konzeptes: geräumige Gepäckfächer anstelle der bis dahin üblichen offenen Hutablagen, indirekte Beleuchtung sowie ein persönliches Inflight Entertainment System für jeden Passagier. Die Fenster, die genauso groß waren wie bei der 707, wurden einige Zentimeter höher gesetzt und von einer weit nach oben reichenden Laibung umgeben, um für die Passagiere in den mittleren Sitzreihen die optische Illusion größerer Fenster zu erzeugen und so den Raumeindruck zu verbessern. Die Passagiere waren begeistert. In Befragungen, für die Boeing ein Dutzend Mitarbeiter abgestellt hatte, nannten zwei Drittel aller Gäste die geräumige Kabine als den größten Pluspunkt des neuen Jets. Pan Am und TWA, die die 747 auf einigen Strecken im Wechsel mit der 707 einsetzen, stellten fest, dass die Auslastung des Jumbos 50 bis 70 Prozent höher war. Eine Umfrage unter Lufthansa-Passagieren ergab, dass drei von vier Gästen die 747 jedem anderen Flugzeug vorzogen.

Bei einigen Airlines konnten anspruchsvolle Gäste mit ausreichend dicker Brieftasche das Upper Deck als private Suite buchen.

Die 747-200 war bei nahezu allen führenden Fluggesellschaften der Welt im Einsatz. Von der Passagierversion wurden 320 Stück gebaut.

Boeing hatte vorschlagen, den Buckel hinter dem Cockpit als Ruheraum für die Besatzungen oder als zentrale Bordküche zu nutzen. Doch Pan-Am-Chef Juan Trippe erkannte sofort die Möglichkeit, hier eine Lounge für die Passagiere der First Class zu schaffen und ihnen damit etwas ganz besonders zu bieten. Andere Gesellschaften tat es Pan Am gleich. Qantas richtete im Oberdeck eine maritim angehauchte Captain Cook Lounge ein, und ließ das Oberdeck dafür um knapp zwei Meter verlängern. Lufthansa nutzte es für eine Bar und Japan Airlines für ein Tea House in the Sky. Zusätzliche Fenster,

KLM erhielt am 16. Januar 1972 die erste 747-200. Die niederländische Airline ließ später alle zehn Flugzeuge in Everett mit dem verlängerten Oberdeck der 747-300 nachrüsten.

die ab dem 146. Flugzeug standardmäßig eingebaut wurden, machten den Raum noch attraktiver. Delta bot ihn als mit einem Aufschlag vom Fünffachen des Erste-Klasse-Preises als Flying Penthouse für die High Society an. Der Fantasie schienen keinen Grenzen gesetzt. Einige Fluggesellschaften überlegten sogar, im Upper Deck ein Spielcasino mit Slot Machines und Roulette-Tisch einzurichten. Für eine Lounge im Unterdeck, die Boeing und Teague vorgeschlagen hatten, gab es Konzepte, sie zur Kinderbetreuung oder als Duty-Free-Shop zu nutzen. Ein Promi-Friseur hatte sogar Interesse angemeldet, an Bord ein Kosmetikstudio und einen Friseursalon zu betreiben.

Noch während die erste 747 in Bau war, hatte Boeing mit den Arbeiten an einer verbesserten Version begonnen, die zunächst unter der Bezeichnung 747B lief und später die Bezeichnung 747-200 erhielt. Wesentliche Veränderungen waren die Verstärkung der Struktur an einigen Stellen, um ein höheres Startgewicht zu ermöglichen, verbesserte Vorflügel, sowie Verfeinerungen des Flügelprofils und des Übergangs zwischen den Triebwerken und der Triebwerksaufhängung, was den Widerstand im Reiseflug um neun Prozent verringerte. Ein vergrößerter Center Wing Tank in Verbindung mit einem auf 374 Tonnen vergrößerten Startgewicht verlieh der neuen Version, die erstmals am

16. Januar 1971 an KLM ausgeliefert wurde, eine Reichweite von 10.780 Kilometern bei voller Nutzlast, beinahe 3.000 Kilometer mehr als die Ur-747. Bei vollen Tanks und entsprechend reduzierter Zuladung waren sogar 13.200 Kilometer drin. Damit war die 747 die einsame Königin der Langstrecke und sollte es für zwei Jahrzehnte bleiben. Kein anderer Jet konnte dem Jumbo in dieser Disziplin auch nur annähernd das Wasser reichen. Erst der Airbus A340 schaffte ähnliche Distanzen, war aber viel kleiner. Auf einen Schlag wurden viele neue Nonstop-Verbindungen möglich; die Kontinente rutschten nochmals ein Stück näher zusammen.

Während es bis in die 1990er-Jahre hinein Airlines gab, die die 747 vor allem wegen ihrer Reichweite kauften, gab es auch solche, die dieses Potenzial nicht ansatzweise ausnutzten, sondern denen es vor allem auf die Kapazität ankam. Schon 1971 setzte United Airlines das Flugzeug zwischen Los Angeles und San Francisco ein, um die große Nachfrage zu Thanksgiving und zu Weihnachten abdecken zu können. Und natürlich sah das Marketing darin auch eine großartige Gelegenheit, Kunden mit den Vorzügen dieses neuen Jets vertraut zu machen. Anders war die Situation in Japan. Dort hatte der Flughafen Haneda, damals Tokios einziger Airport, seine Kapazitätsgrenze von 460 Flügen pro Tag erreicht. Japan Airlines und All Nippon Airways mussten zahlreiche Inlandsflüge streichen. Abhilfe schaffte die 747SR mit 490 Sitzen und einer Verstärkung der Rumpfstruktur, um die Belastungen durch die große Zahl an Druckwechseln und Landungen auszugleichen, die mit dem Kurzstreckeneinsatz einhergeht. Auch die Lufthansa-Tochter Condor setzte ihre beiden 747 mit den Taufnamen »Max« und »Moritz« nicht nur für Flüge über den großen Teich ein. Im beginnenden Zeitalter des Massentourismus lagen die Traumziele der meisten Deutschen nicht in der Karibik, sondern auf den Kanaren und den Balearen.

Lufthansa war der Erstkunde für die Frachtversion der 747. Hier transportiert sie darin eine weitere Ikone jener Zeit, den C 111, mit dem Mercedes mehr als zwei Dutzend Weltrekorde aufstellte.

Die -200 gab es nicht nur in der Passagierversion, sondern auch als das, wovon man geglaubt hatte, dass dies die eigentliche Bestimmung der 747 sein würde. Anfang Dezember 1971 übernahm Lufthansa die erste 747F. Die Kranich-Airline war zu diesem Zeitpunkt der einzige Kunde. Diesmal hatte es auch mit dem Gewicht geklappt. Zwei Tonnen leichter als zugesagt, sei das Flugzeug, vermeldete Boeing stolz. Auf einen Rutsch würde der Jet 90 Tonnen Fracht von Frankfurt nach New York schaffen können – doppelt so viel wie die 707 zu einem Viertel niedrigeren Kosten. Konkurrenzlos ist bis heute die hochklappbare Nase der 747. Sie beschleunigte das Be- und Entladen, macht den Frachtjumbo aber neben der An-124 und An-225 zum einzigen Flugzeug, dass auch übergroße Frachtstücke aufnehmen kann. Teure Maschinen, die bis dato monatelang per Schiff unterwegs waren, fliegen seither vom einen Tag auf den anderen zu Kunden am anderen

Im Auftrag der NASA wurde eine ehemalige 747SP der Pan Am zu der fliegenden Sternwarte SOFIA (Stratospheric Observatory For Infrared Astronomy) umgebaut. Hinter einer großen Luke im Heck, die im Flug geöffnet wurde, befand sich der Beitrag des Deutschen Zentrum für Luft- und Raumfahrt (DLR) an dem Projekt: ein 17 Tonnen schweres Spiegelteleskop mit 2,7 Metern Durchmesser für Infrarot-Astronomie. Nach rund 800 Flügen im Dienst der Wissenschaft und nur wenig mehr als der Hälfte der geplanten Einsatzzeit wurde SOFIA 2022 außer Dienst gestellt.

Ende der Welt. Für ein werbewirksames Foto zum Rollout hatte Boeing vor dem bereits in Lufthansa-Farben lackierten 747F Container Autos, Röhren und anderes Stückgut in einer 97 Meter langen Reihe aufgebaut. Das alles zusammen fand im Bauch dieses Riesen Platz, die Unterflur-Kapazität noch gar nicht eingerechnet. Daneben gab es den Jumbo als Combi (747-200M) mit der hinteren Hälfte des Hauptdecks als Frachtraum und als Convertible (747-200C), der über eine hochklappbare Nase verfügte und bei dem das Hauptdeck wahlweise für Fracht oder für Passagiere genutzt werden konnte.

Noch bevor der erste Jumbo ausgeliefert worden war, gab es Stimmen, die warnten, dass der Markt gar nicht in der Lage sein werde, die vielen zusätzlichen Sitze zu verkraften. Es war ja nicht nur die 747, auch die Douglas DC-10 und die Lockheed L-1011 TriStar würden in den ersten Jahren des neuen Jahrzehnts in Dienst gestellt werden. Die Mahner behielten Recht. Infolge der Ersten Ölkrise 1973 knickte die Weltkonjunktur ein und mit ihr die Wachstumsraten des Weltluftverkehrs. 1979/80 folgte mit einer Verdoppelung des Preises innerhalb weniger Wochen der zweite Ölpreisschock und löste den nächsten Konjunktureinbruch aus.

Eine weltweite Rezession war das Letzte, was Boeing gebrauchen konnte, denn das Unternehmen war durch die Entwicklung der 747 bis über das Dach verschuldet. 1972 lieferte das Unternehmen nur noch 96 Flugzeuge aus. Die Einstellung des 2707-Programmes durch die Regierung war zwar langfristig gut für die 747, kurzfristig aber bitter für das Unternehmen. Es ging ums Überleben. In der Not entließ Boeing massenhaft Mitarbeiter. Die Zahl der Beschäftigten sank von 109.000 Anfang 1970 auf nur noch 38.000 im Oktober 1971, in Everett von 25.000 auf gerade mal 4.000. Für die Region war der Verlust so vieler gut bezahlter Arbeitsplätze dramatisch. »Will the last person leaving Seattle turnout the lights« war im April 1971 auf einer großen Tafel in der Nähe des gerade erst erweiterten Flughafens Seattle Tacoma zu lesen. Ein gutes Jahrzehnt dauerte die Durststrecke. Die hohen Wachstumsraten, auf die Boeing und seine Kunden gebaut hatten, erwiesen sich als Fata Morgana.

Vom Sorgenkind zum Goldesel

Boeing war gezwungen über neue Varianten nachzudenken, um den Markt zu beleben. Es entstanden Studien für eine 747 mit 670 Sitzen und mit einem um 7,6 Meter verlängerter Rumpf und durchgehendem Oberdeck sogar für 730 bzw. als Kurzstreckenversion 1.000 Passagiere.

Doch wer denkt schon über die Anschaffung größerer Flugzeuge nach, wenn die bestehende Flotte halbleer umherfliegt. Um der DC-10 und der TriStar Kunden abzujagen untersuchte Boeing eine dreistrahlige 747 mit einem Motor im Heck. Der Entwurf verschwand in der Versenkung, weil er wegen der umfangreichen Veränderungen am Flügel viel zu teuer gewesen wäre. Außerdem hätten die Piloten nicht ohne Weiteres zwischen der dreistrahligen und der vierstrahligen Version hin und her wechseln können.

Aber Pan Am verlangte nach einem Flugzeug, das in der Lage war, die Strecke New York – Tokio das ganze Jahr hindurch nonstop zu bedienen. Das Ergebnis war die 747SP, wobei das SP für »Special Performance« stand. Sie war 14 Meter kürzer als die Normalversion, bot in der typischen Kabinenauslegung 276 Passagieren Platz und hatte voll beladen eine Reichweite von 12.600 Kilometern. Aus Anlass ihres 50-jährigen Bestehens und um die Leistungsfähigkeit des Jets zu demonstrieren, veranstaltete Pan Am am 29./30. Oktober 1977 mit 165 Passagieren an Bord eine aus vier Flügen bestehende Weltumrundung über beide Pole. Dabei wurden sieben Weltrekorde aufgestellt. Ein halbes Jahr zuvor hatte eine Boeing 747SP von South African Airways auf dem 16.560 Kilometer langen Flug von Seattle nach Kapstadt den Rekord für den längsten kommerziellen Nonstop-Flug gebrochen.

Viele Kunden fand das Flugzeug trotzdem nicht. Seine Wirtschaftlichkeit war einfach grottenschlecht. Nur als VVIP-Flugzeug war die SP wegen ihrer lange Zeit unübertroffenen Reichweite sehr beliebt. Nur 45 wurden gebaut. Die letzten beiden, die noch in Betrieb sind, dienen Pratt & Whitney als fliegende Teststände für die Erprobung neuer Triebwerke. Im September 2022 wurde der wohl spektakulärste Umbau einer 747SP überraschend in den Ruhestand geschickt: das Infrarot-Observatorium SOFIA, das seit November 2010 gemeinsam von NASA und DLR betrieben wurde.

Gegen Ende der 1970er-Jahre signalisierten erste Airlines Interesse an mehr Sitzplätzen. Boeings Antwort darauf hieß 747-300, eine 747-200 mit einem um sieben Meter gestreckten Oberdeck und modernisierten Triebwerken. Größter Kunde wurde Singapore Airlines, die das Flugzeug als 747 Big Top vermarkteten und es schafften, dass das Oberdeck stets als erstes ausverkauft war. Dennoch konnte Boeing nur 81 Flugzeuge an den Mann bringen. Einige Gesellschaften, darunter KLM und die französische UTA, ließen einige -200 in Everett auf das vergrößerte Oberdeck nachrüsten.

Im Frühsommer 1984 zündete Reinhard Abraham, damals stellvertretender Technik-Chef der Lufthansa, in der Zeitschrift *Avia-*

Artist's rendering of Forward Lounge area of the 747.

THE 747 CLIPPER:
COMFORT AND ELEGANCE

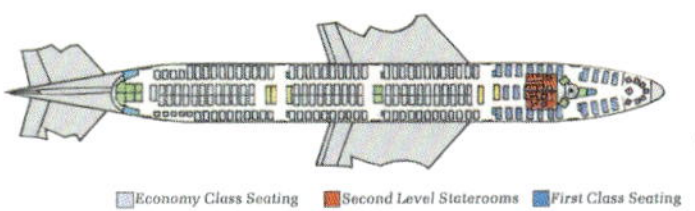

Economy Class Seating | Second Level Staterooms | First Class Seating
Lavatories | Food Service Galleys | Forward Lounge

Upper level Conference Room can be divided into two Staterooms.

The spacious Economy section.

1966 IN BRIEF	1966	1965	% Change
Total operating revenues	**$841,000,000**	$669,000,000	+ 25.7
Passenger and cargo revenues	**683,400,000**	572,200,000	+ 19.4
Operating profit	**132,000,000**	85,500,000	+ 54.4
Income before extraordinary items	**71,900,000**	47,300,000	+ 52.0
Per share	**$4.62**	$3.28	+ 40.9
Extraordinary items—net of taxes	**11,800,000**	4,800,000	+145.8
Per share	**$ .75**	$ .33	+127.3
Net income	**83,700,000**	52,100,000	+ 60.7
Per share	**$5.37**	$3.61	+ 48.8
Dividends paid	**9,300,000**	8,600,000	+ 8.1
Per share	**$ .60**	$ .60	–
Operating cost per available ton-mile	**19.0¢**	20.2¢	− 5.9
Operating cost per revenue ton-mile	**31.5¢**	36.5¢	− 13.7
Working capital	**97,100,000**	33,600,000	+189.0
Additions to operating property and equipment	**227,500,000**	143,100,000	+ 59.0
Flight equipment, at cost	**828,400,000**	662,900,000	+ 25.0
Long-term debt	**428,900,000**	295,600,000	+ 45.1
Retained earnings	**247,400,000**	173,000,000	+ 43.0
Stockholder equity (including investment in stock of associated companies at cost)	**379,200,000**	275,200,000	+ 37.8
Per share	**$23.51**	$18.65	+ 26.1
Shares outstanding	**16,129,463**	14,754,075	+ 9.3

Pan American World Airways
Annual Report 1966

TO OUR STOCKHOLDERS

When Pan Am was founded 40 years ago, overseas travel as we know it today did not exist. International travel by sea was limited. Long distance air service did not exist. Air transport at home and abroad, however, now has become a major industry. It employs 750,000 persons. Its gross revenues exceed $10 billion a year.

During these 40 years, your Company has moved from last to first place on world airways. Fares have been reduced. Fast and comfortable service links the United States and 81 lands throughout the world.

Progress continued in the year under review. Pan Am's half-billion dollar order launched the Boeing 747 Superjet program. Pan Am won approval for the lowest international air fares in history. Pan Am established new records for passenger and cargo traffic.

»Bold« nennen die Amerikaner so etwas: Ein Geschäftsbericht ohne das Firmenlogo auf dem Cover, sondern nur die Umrisse von 747, SST und Concorde. Diese Coolness, die noch heute besticht, konnte nur Pan Am sich leisten. Die Airline stand 1966 auf dem Höhepunkt ihres Erfolges. Die Zukunft des Reisens hieß Pan Am. Niemand sonst hatte alle drei bahnbrechenden Jets bestellt. Einen Vorgeschmack auf den Luxus, den die Passagiere in der 747 erwarten würde, gaben die Illustrationen im Innern des Geschäftsberichts. Und gleich daneben die neuen, nicht weniger atemberaubenden Rekordzahlen von Umsatz und Gewinn. Nichts, so schien es, konnte den Höhenflug dieser Luftfahrt-Ikone stoppen.

PAN AMERICAN WORLD AIRWAYS / ANNUAL REPORT 1966

Auch in späteren Jahren steckten die Fluggesellschaften viele Ideen in ihr Flaggschiff. Zumindest bis zur Jahrtausendwende stand der Jumbo für maximalen Reisekomfort.

Als British Airways 1997 ihren Flugzeugen ein neues Design verpasste, in dem die Nationalfarben keine Rolle mehr spielten, nutzte Virgin Atlantik die Winglets ihrer 747-400 für den Union Jack und bezeichnet sich seither als »Britain's Flag Carrier«..

tion Week eine Bombe. Man sei durchaus an der 747-300 mit ihrer größeren Kapazität interessiert, erklärte er dem Blatt, aber keinesfalls in der von Boeing angebotenen Form. Und dann präsentierte er eine Liste der Veränderungen, die Lufthansa wünschte: Triebwerke der neuesten Generation, die umfangreiche Verwendung von Verbundwerkstoffen und Aluminium-Lithium, um Gewicht zu sparen, aerodynamische Verbesserungen, eine neugestaltete Kabine mit mehr Stauraum und einer flexibleren Aufteilung und schließlich ein digitales Zwei-Mann-Cockpit. Das alles zusammen werde sieben Tonnen Gewicht sparen und den Kerosinverbrauch je Sitz um 20 Prozent senken. Boeing arbeitete zwar bereits an all diesen Verbesserungen und wollte sie nach und nach einführen. Aber Lufthansa verlangte: »Wir wollen das ganze Paket in einem Flugzeug. Das stückweise Vorgehen mögen wir gar nicht.«

Die Forderungen vieler

Abraham wusste sich mit seinen energischen Forderungen nicht allein. Im Hintergrund hatte Lufthansa sich mit anderen Airlines abgestimmt, die ebenso dachten und ebenfalls Schwierigkeiten hatten, mit ihren Vorstellungen in Seattle Gehör zu finden. Für die Zurückhaltung gab es aus Sicht von Boeing gute Gründe. Es ging ums Geld. Man hatte gerade das Doppelprogramm 757/767 gestemmt und die 737 modernisiert. Außerdem ging es der ganzen Branche als Folge der Zweiten Ölkrise wieder schlecht. Die Zahl der Auslieferungen war von 286 im Jahr 1979 auf nur noch 168 Flugzeuge gefallen. Außerdem waren die finanziellen Turbulenzen durch die Entwicklung der 747 noch in allzu frischer Erinnerung. Niemand wollte das Unternehmen erneut aufs Spiel setzen. Aber die Kunden stellten nicht nur Forderungen, sie lockten auch mit Aufträgen. Irgendwann Anfang der 1990er-Jahre würden die ersten 747 zur Ausmusterung anstehen. Boeing musste reagieren.

Aus dem von der Lufthansa maßgeblich organisierten Aufstand der 747-Kunden erwuchs die mit Abstand erfolgreichste Version des Jumbo, die 747-400. Den Anfang machte Northwest Orient mit einer Bestellung über zehn Flugzeuge, zwei Wochen später folgte United Airlines mit zunächst vier und später weiteren 40 Flugzeugen. British Airways kaufte 16 Maschinen. Lufthansa unterschrieb für sechs Festbestellungen und neun Optionen. Als das erste Flugzeug am 26. Januar 1989 ausgeliefert wurde, standen 166 Festbestellungen und eine Menge Absichtserklärungen in den Büchern von Boeing. Pan Am war nicht mehr von der Partie. Die einstige Ikone des Luftverkehrs war nur noch ein Schatten ihrer selbst und schrieb hohe Verluste. Ihre Pazifikstrecken hatte sie 1985 an United verkaufen müssen. Die Schrittmacherrolle hatten andere übernommen, zum Beispiel British Airways, die am Ende mit 57 Flugzeugen die mit Abstand größte Flotte dieses Typs betrieben und mit dem Flugzeug ihre dominante Position in London Heathrow zu zementieren wussten.

Technisch wurde die 747-400 ganz entscheidend von europäischen Airlines geprägt. Lufthansa, Air France und British Airways leisteten sich anders als die amerikanischen Gesellschaften noch hauseigene hochkompetente Ingenieursabteilungen, die zu wichtigen Gesprächspartnern wurden. Die neue Version des Jumbo war in jeder Hinsicht ein großer Schritt nach vorn. Die Spannweite wuchs um knapp fünf Meter; zusammen mit den 1,80 Meter hohen Winglets machte die höhere Streckung den Flügel aerodynamisch effizienter. Die neuen Triebwerke von Pratt & Whitney (PW4000), General Electric (CF6-80) und Rolls-Royce (RB211-524G/H) waren stärker, sparsamer und deutlich leiser. Das alles und ein zehn Tonnen Kerosin fassender Zusatztank in der Höhenflosse erhöhte die Reichweite bei voller Nutzlast auf 13.500 Kilometer. Das Abfluggewicht stieg auf 395, später sogar auf 413 Tonnen.

Die Leidtragenden der großen Reichweite waren Flughäfen wie Dubai, wo Singapore Airlines bis dahin auf dem Weg nach Europa regelmäßig einen Tankstopp einlegte. Genauso ging es Anchorage, das europäische Airlines auf der Polroute von und nach Asien von nun an links liegen lassen konnten. Dort mochte man die 747-400 deshalb überhaupt nicht. Im Flughafen hing seinerzeit ein Foto des Flugzeugs mit der Beschriftung »Anchorage-Killer«.

Mit dem Zwei-Mann-Cockpit verschwand auch der Uhrenladen, wie er für Flugzeuge aus den 1960er-Jahren typisch war. Statt 971 Leuchten, Anzeigen und Schalter wie bei der 747-100 waren es im Cockpit der 747-400 nur noch 365. Eine vollkommen neu gestaltete Kabine, neue Bordküchen und Vakuumtoiletten erhöhten den Reisekomfort. Im hinteren Teil des Rumpfes wurde oberhalb der Kabine ein Ruheraum für die Crew eingebaut, heute Standard bei allen Langstreckenflügen. Neben der Standardversion gab es eine -400D als Kurzstreckenversion mit maximal 650

Nachdem die gemeinsame Entwicklung eines New Large Airplane (NLA) mit europäischen Partnern gescheitert war, unternahm Boeing in den 1990er Jahren mehrere Anläufe, um eine vergrößerte 747 am Markt unterzubringen.

Sitzen für den japanischen Markt, eine -400M (Kombi), und natürlich einen Frachter -400F. Später kamen noch die -400ER und -ERF mit nochmals rund 900 Kilometern mehr Reichweite hinzu.

Insgesamt 694 Flugzeuge der unterschiedlichen 747-400-Varianten hat Boeing verkauft, bis im November 2009 das letzte Flugzeug dieser Baureihe ausgeliefert wurde. Der Einfluss, den sie auf die Entwicklung nicht nur des Weltluftverkehrs, sondern der Weltwirtschaft gehabt hat, reicht weit. Sie war das richtige Flugzeug zur richtigen Zeit. Der wirtschaftliche Aufstieg der sogenannten Tigerstaaten Thailand, Malaysia, Indonesien, Philippinen und Südkorea machten Südostasien zu einer Wachstumsregion ersten Ranges. Zwischen 1985 und 1989 steigerte zum Beispiel die Lufthansa ihre Verkehrsleistung nach Asien im Passagierverkehr um 57 Prozent und in der Fracht sogar um 75 Prozent. Mit ihrer Kapazität und ihrer Reichweite war die 747-400 ideal, um diese Boomregion mit den Wirtschaftszentren Europas und Amerikas zu verbinden. Es war die Zeit, in der die Globalisierung Fahrt aufnahm; der Jumbo wurde zu einem wichtigen Instrument.

Dem Ende einer Ära entgegen

Ab Mitte der 1990er-Jahre ließ das Interesse der Airlines nach. Schon 1996 arbeitete Boeing deshalb an einem Nachfolger, einer um vier Meter gestreckten 747-500X für 444 Passagiere und einer auf 80 Meter verlängerten 747-600X mit 503 Sitzen. Sie sollen einen neuen Flügel mit 77 Metern Spannweite bekommen, der von dem der 777 abgeleitet war. Eine -700X mit größerem Rumpfdurchmesser sollte eine Kapazität von 650 Sitzen haben. Auch bei Cockpit und Kabine wollte Boeing Anleihen bei seinem neuen Twinjet machen. Wie die 777 sollte der neue Jumbo Fly-by-Wire haben. Cathay Pacific verkündete öffentlich großes Interesse, blieb damit aber allein. Da half es auch nichts, dass General Electric und Pratt & Whitney erklärten, gemeinsam ein Triebwerk in der erforderlichen Schubklasse zu entwickeln. Für zwei getrennte Angebote sei der Markt zu klein. Nicht besser erging es der Kombination aus 747X und 747X Stretch, die Boeing gegen den Konkurrenten A3XX ins Rennen schickte, wobei die Stretch-Variante im Grunde nichts anderes war als die 747-600, aller-

Dieser ehemalige JAL-Jumbo fliegt heute für die russische Fluggesellschaft Rossiya. Mit der Sonderbemalung macht die Airline auf ihr Engagement für den Schutz des Sibirischen Tigers aufmerksam.

dings ohne neuen Flügel und Fly-by-Wire. 2001 wurde das Projekt beerdigt, zur Hälfte jedenfalls, denn aus der 747X wurde die 747-400ER. Sechs Flugzeuge wurden an Qantas verkauft, die damit die Strecke Melbourne – Los Angeles nonstop fliegen konnten. Die Frachtversion -400ERF lief mit 38 Bestellungen etwas besser.

Verglichen mit der Marketingshow, die Airbus für die A3XX auf die Beine stellte, wirkten Boeings Bemühungen bestenfalls halbherzig. Und das waren sie auch, denn die Marktanalysten in Seattle sahen für Flugzeuge dieser Kategorie nur einen Bedarf von weniger als 400 Maschinen über 20 Jahre. Bei diesem Volumen würden sich die acht bis zehn Milliarden Dollar für eine Neuentwicklung nicht bezahlt machen. Die viel höheren Marktprognosen von Airbus hielt man in Seattle für hoffnungslos überzogen und behielt letztlich Recht damit. Auf die Frage eines Journalisten, was er von der A3XX halte, entgegnete der damalige Boeing-Chef Harry Stonecipher einmal in der ihm eigenen Trockenheit: »Too much testosterone«. Die fehlende Bereitschaft, massiv in den Jumbo zu investieren, hatte Folgen. Nach den eigenen Verkaufsunterlagen wären die Betriebskosten der 747X Stretch nur magere acht Prozent niedriger gewesen als die der 747-400. Damit lockt man keine Fluggesellschaft hinter dem Ofen hervor.

Vor allem die Cargo-Airlines standen bei Boeing immer wieder auf der Matte und verlangten nach einer moderneren 747. Mehr Kapazität, weniger Treibstoffverbrauch und bessere Lärmwerte standen auf ihrer Wunschliste ganz oben. Reichweite hingegen war kein Thema, denn die Reichweite der bestehenden 747-Flotte gab die Maschen-

Lufthansa war der Erstkunde für die 747-8 Intercontinental. In der Corona-Krise entschied sich die Kranich-Airline, ihren A380 auszumustern, den Jumbo aber weiterzufliegen. Die inzwischen betagten 747-400 dagegen wurden allesamt ausgemustert.

weite der Streckennetze im Frachtgeschäft vor. Zu den energischen Befürwortern einer gründlichen Modernisierung zählten auch die Lufthansa. Zu ihrer Langstreckenflotte gehörten die A340-600 mit 306 Passagieren, die A380 mit 509 Sitzen und dazwischen die 747-400 mit 383 Sitzen. Für ihre langsam alternde Jumbo-Flotte brauchte sie unbedingt Ersatz. Die Lücke zwischen den beiden Airbus-Jets wäre sonst zu groß gewesen. Ein paar Sitze mehr konnten dabei nicht schaden.

Mit Bestellungen von Cargolux und All Nippon Cargo über insgesamt 18 Flugzeuge gab Boeing am 14. November 2005 den Startschuss für die Entwicklung der 747-8. Lufthansa folgte im Dezember 2006 mit 20 Festbestellungen und 20 Optionen für die 747-8 Intercontinental, wie die Passagierversion hieß. Mit dem um beinahe sechs Meter gestreckten Rumpf und dem verlängerten Oberdeck sieht die 747-8I eleganter aus als jeder Jumbo zuvor. Der Flügel wurde überarbeitet; die Winglets verschwanden und wurden durch sogenannte Raked Wingtips ersetzt, wie man sie auch von der 777 kennt. Die neuen GEnx-Triebwerke von General Electric, dasselbe Muster, das auch unter den Flügeln des Boeing Dreamliners hängt, sind fast 20 Prozent sparsamer und sauberer als die in den 1980er-Jahren entwickelten Motoren der 747-400. Sie sorgen auch dafür, dass der neue Jumbo deutlich leiser ist als der alte. Kräftig modernisiert wurde auch das Cockpit, wobei die Informationen den Piloten so dargeboten werden, dass der Übergang von der -400 nur drei Tage Training in Anspruch nimmt.

Damit sich das größere und schwerere Flugzeug für die Piloten genauso anfühlt wie der Vorgänger, werden die äußeren Querruder und die Spoiler über Fly-by-Wire angesteuert. Gründlich renoviert wurde auch die Kabine. Sie erhielt denselben Look wie die des Dreamliner.

Aber es half alles nichts. Außer Lufthansa bestellten nur Korean Air und Air China das Flugzeug. Insgesamt 47 Maschinen wurden gebaut, darunter sechs VIP-Flugzeuge sowie zwei Maschinen, die für geschätzte 5,3 Milliarden Dollar ausgebaut werden, um ab 2024 als neue Air Force One dem amerikanischen Präsidenten als Dienstflugzeug und fliegender Kommandostand zu dienen.

Besser lief es dagegen bei den Frachtern, von denen Boeing 107 Flugzeuge verkaufen konnte. Wie groß der Bedarf für einen Frachter dieser Größe ist, zeigte sich,s als Boeing im Januar 2021, ein halbes Jahr nachdem das Unternehmen das Ende des Programms verkündet hatte, noch vier Orders für den Cargo-Charter-Spezialisten Atlas Air hereinnahm.

In der Krise, die durch die Corona-Pandemie ausgelöst wurde, entschieden sich viele Fluggesellschaften, ihre 747 auszumustern. Es ist damit zu rechnen, dass ein Teil davon noch zu Frachtern umgerüstet werden wird. Auch Lufthansa hat sich in der Krise von den meisten ihrer 747-400 getrennt. Bei Redaktionsschluss waren noch acht Maschinen im Einsatz. Genau wie fünf reaktivierte A380 dienen sie als Lückenbüßer für die verspätete 777-9.

Für die 747-8 dagegen ist kein Ruhestand absehbar. Sie bleibt das, was der Jumbo schon seit über 50 Jahren ist, das elegante Flaggschiff der Kranichflotte.

Wehmutsvoller Abschied für die Queen of the Skies. Aus Anlass ihres 100-jährigen Bestehens hatte British Airways die G-BYGC in den Farben der BOAC lackiert. In dieser Bemalung wurde sie nach der Ausmusterung im walisischen Glamorgan als Museumsflugzeug aufgestellt. Auch Qantas schickte ihre letzten sieben Jumbos 2019 und 2020 in den Ruhestand.

Während der Corona-Krise schickten viele Fluggesellschaften ihre Jumbos buchstäblich in die Wüste. Einige kamen zurück, wie die 747-8 der Lufthansa, andere warteten darauf, zu Frachtern umgebaut zu werden, und viele dienten nur noch als Ersatzteillieferant.

A380 – Europas großer Traum

Während etablierte Hersteller wie Lockheed, Convair und später auch McDonnell Douglas als Anbieter von Verkehrsflugzeugen verschwanden, wuchs in Europa mit Airbus ein Nobody zu einem Player heran, der sich anschickte, die neue Nummer Eins am Himmel der Verkehrsfliegerei zu werden. Mit einem Superjumbo wollte er den Rivalen Boeing übertrumpfen. Technisch gelang dies, aber wirtschaftlich wurde das Programm ein Desaster. Doch ohne die A380 gäbe es Airbus in der heutigen Form wahrscheinlich nicht.

Wir Menschen sind nicht sonderlich gut darin, aus der Vergangenheit die richtigen Schlüsse zu ziehen. Es ist einfach zu verführerisch sich einzureden, diesmal sei alles ganz anders und die Erfahrungen von gestern folglich irrelevant. Der Blick in die Luftfahrtgeschichte zeigt jedenfalls, dass Größe alles andere ist als ein Erfolgsrezept. Von all den zivilen Flugzeugen, deren Name mit Superlativen in Bezug auf Größe, Kapazität oder Reichweite verknüpft ist, war genau genommen nur eines kommerziell erfolgreich, die Boeing 747. Und auch sie wäre beinahe gescheitert und hätte den ganzen Boeing-Konzern in die Pleite gerissen. Die Feinde der Giganten sind Black-Swan-Ereignisse wie die Ölkrise, technische Disruption, Pandemien oder Kriege. Durch sie ändern sich Nachfrage und Verkehrsströme abrupt. Prognosen werden von heute auf morgen zu Makulatur. So gesehen ist der Airbus A380 in der Geschichte der Giganten der Luftfahrt ein Normalfall, eine technische Glanzleistung, der es aber versagt blieb, die in sie gesetzten Hoffnungen zu erfüllen.

United hatte gerade die ersten von 45 fest bestellten Boeing 747-400 erhalten, als die Gesellschaft bei Boeing und auch bei dem Newcomer Airbus schon nachfragte, wie es denn um Pläne für ein Flugzeug mit 50 Prozent mehr Kapazität bestellt sei. Auf der Route von Los Angeles nach Tokio war die Nachfrage schon jetzt so groß, dass United zu Spitzenzeiten zwei Jumbos im Abstand von zehn Minuten losschicken musste. Auch andere dachten über die neue 747-Version hinaus. Thailand, Taiwan, Indonesien, Singapur, Korea – wohin man in Asien auch schaute, überall herrschte stürmisches Wachstum. Das war der Luftverkehrsmarkt der Zukunft. Die Dichte an 747 war hier schon jetzt höher als in anderen Regionen der Welt. Mehr als jede zweite Order für die 747-400 stammte von hier. Japan Airlines hatte 51 bestellt, Singapore Airlines 40, Korean Air 35 und Cathay Pacific 22. Ein Teil der Flugzeuge, die europäische und amerikanische Airlines bei Boeing in Auftrag gegeben hatten, war ebenfalls bestimmt, Destinationen in dieser aufstrebenden Region zu bedienen.

Das Streben nach Größe

Die Antwort auf die boomende Nachfrage konnte nur in etwas Größerem bestehen. Auf der Luftfahrtschau in Paris 1991 verkündete Airbus, an einem solchen Projekt zu arbeiten. Sechs Wochen später erklärte auch Boeing, man untersuche den Bedarf für ein Flugzeug mit bis zu 750 Sitzen. Das Rennen um den Markt der Superjumbos war eröffnet. Offen war allerdings, wie groß dieser sein würde. Immerhin malte die Weltluftfahrtorganisation ICAO die Zukunft in rosigen Farben. Der Luftverkehr werde sich bis zum Ende des Jahrzehnts verdoppeln. Dabei werde der Verkehr auf internationalen Strecken beinahe doppelt so schnell wachsen wie der Inlandsverkehr. Auch könnten die Airlines damit rechnen, endlich wieder mehr Geld für ihre Tickets zu erlösen.

Dann passierte etwas völlig Überraschendes. Boeing meldete sich bei der deutschen DASA und schlug eine gemeinsame Machbarkeitsstudie für ein Langstreckenflugzeug mit 550 bis 800 Sitzen vor. Das Projekt sollte bis zu eineinhalb Jahre dauern und neben technischen Aspekten und einer Analyse des Marktes auch Untersuchungen über die Arbeitsteilung bei einer möglichen späteren Produktion enthalten. In dem mit einem starken Ego ausgestatteten DASA-Chef Jürgen Schrempp fanden sie einen Gesprächspartner, der dieser Einladung nur allzu gern

Ein frühes Konzept für einen Superjumbo, ersonnen von dem damaligen Airbus-Chef-Ingenieur Jean Roeder: Man nehme zwei A340-Rümpfe, ein Doppelleitwerk sowie etwas vergrößerte A340-Flügel und fertig ist das UHCA (Ultra High Capacity Aircraft).

folgte. Daimler-Chef Edzard Reuter hatte seinen Ziehsohn Schrempp 1989 nach München geschickt, um die DASA in die Spur zu bringen. Diese Tochter des Autobauers war im Zuge der Konsolidierung der deutschen Luftfahrtindustrie in den 1980er-Jahren entstanden und schrieb tiefrote Zahlen. Wegen der Einsparungen und Strukturveränderungen, die er mit harter Hand durchsetzte, war der Daimler-Mann und – viel schlimmer – Nicht-Luftfahrer intern als Rambo verschrien. Schrempp war egostark und profilbewusst. Er wollte die Position der DASA innerhalb des Airbus-Konsortiums gegen die dominanten Franzosen stärken. Da kam die Anfrage aus Seattle gerade recht.

In Toulouse krachte es hinter den Kulissen heftig, als das deutsche Techtelmechtel mit dem großen Konkurrenten bekannt wurde. Airbus-Chef Jean Pierson beeilte sich, nach außen zu betonen, Schrempp habe selbstverständlich im Auftrag von Airbus mit Boeing verhandelt. Dort sah man aber verständlicherweise keinen Anlass, dem Konkurrenten zu helfen, das in seinem Hause zerschlagene Porzellan zu kitten. Boeing erklärte öffentlich, dass an solchen Gesprächen kein Interesse bestehe, wohl aber an einer Zusammenarbeit mit DASA und British Aerospace. Am Ende fand die Studie über die Machbarkeit eines VLCT (Very large Commercial Transport) unter Teilnahme aller Airbus-Partner statt, also auch von Aerospatiale und CASA.

Airbus war damals noch kein Unternehmen, sondern lediglich eine G.I.E (Groupement d'Intérêt Économique), eine wirtschaftliche Interessenvereinigung. Den Zoff unter den Partnern hatte Boeing zweifellos einkalkuliert und kostete ihn genüsslich aus, legte er doch die Schwäche von Airbus als bloßem Verbund von Unternehmen offen. Es ist aber nicht anzunehmen, dass dies der

British Airways interessierte sich angesichts der beengten Verhältnisse in London-Heathrow ernsthaft für ein größeres Flugzeug als ihre 747-400. Aber der Wunschtermin 2000 war völlig unrealistisch.

alleinige Zweck der Aktion war. Vielmehr verknüpfte Boeing damit wohl das langfristig Notwendige mit dem kurzfristig Nützlichen. Boeing war am Limit: die teure Modernisierung der 747, die Entwicklung der 777 und die Generalüberholung der 737 Classic zur 737 Next Generation, die nahezu einer Neuentwicklung gleichkam. Die finanziellen und personellen Kapazitäten am Pudget Sound waren ausgereizt. Deshalb gab es parallel bereits Gespräche mit potenziellen japanischen Partnern und sogar mit McDonnell Douglas, um das Projekt Superjumbo auf breitere Beine zu stellen. Boeing schätzte den Bedarf auf allenfalls 500 Maschinen, viel zu wenig, um angesichts von geschätzt 15 Milliarden Dollar Entwicklungskosten zwei konkurrierende Produkte zu rechtfertigen. Die Zweifler im Hause Boeing erhielten Rückenwind, als Robert Crandall, der einflussreiche CEO von American Airlines, sagte: »Ich glaube, große Flugzeuge sind nicht der richtige Weg. Kleinere Flugzeuge mit größerer Reichweite sind der richtige Weg.«

Das schwierige Geschäft mit den Prognosen

Von Toulouse aus gesehen, war die Welt eine ganz andere. Als John Leahy, Senior Vice President Commercial, 1995 die Marktprognose für die nächsten 20 Jahre vorstellte, war darin ein Bedarf von 1.383 Flugzeugen mit 500 Sitzen und mehr enthalten, von 246 mit Platz für 800 Passagiere und 231 für 1.000 Reisende. Um die Anfrage von United Airlines war es inzwischen zwar still geworden, dafür hatte aber British Airways Bedarf für einen Superjumbo angemeldet mit dem Wunschtermin 2002. Airbus erwartete, dass allein in der Region Asien/Pazifik acht bis zehn Airlines als Kunden für einen Superjumbo infrage

Die von Jürgen Thomas und seinem Team bei der Deutsche Airbus Anfang der 1990er-Jahre entworfene A2000 kam der späteren A380 in vielen Details schon sehr nahe.

kämen. Der Verkehr wachse dort schneller als man Flughäfen bauen könne. Folglich sei man dort auf größere Flugzeuge angewiesen. Im Jahre 2014 würden die Flugzeuge, die in der Region unterwegs seien, durchschnittlich 356 Sitze haben, also fast so viele wie eine 747. Bemerkenswert ist in der Rückschau, dass selbst die Airbus-Partner DASA und British Aerospace in ihren eigenen Prognosen mit 745 bzw. 715 Flugzeugen zu deutlich niedrigeren Zahlen kamen. General Electric und Rolls-Royce, die als Grundlage für ihre Produktstrategie jährlich eigene Analysen anstellen, teilten die Sicht von Airbus nicht. Beide schätzten den Bedarf übereinstimmend auf rund 500 Flugzeuge. Die Marktforscher in Toulouse fanden sich mit ihrem Optimismus allein auf weiter Flur. Sie sollten es auch bleiben, dominierten aber trotzdem in Europa die Diskussion über den Sinn eines Riesenflugzeugs.

Die Ausgangspositionen der beiden Kontrahenten waren damit klar abgesteckt, der weitere Kurs vorgezeichnet. Während Boeing dieses Marktsegment seiner Einschätzung folgend mit angezogener Handbremse bediente, die Pläne für die 747-500X/-600X im Januar 1997 offiziell einstampfte und auf die 777 setzte, machte Airbus die A3XX zu dem großen Projekt, mit dem Europa die Dominanz der USA in der zivilen Luftfahrtindustrie brechen werden. Die Gespräche zwischen Boeing und den vier Airbus-Partnerfirmen endeten im Jahr 1996 ergebnislos, was niemanden verwunderte. Ein zentraler Stolperstein war die Frage gewesen, wie groß das VLCT werden solle. Boeing bestand auf mindestens 650 Sitzen, um einen komfortablen Abstand zum eigenen Goldesel 747 sicherzustellen. Aber das war ja genau der Kuchen, von dem die Europäer ein Stück abhaben wollten.

Das Thema Superjumbo beschäftigte auch die Ingenieure der DASA in Hamburg und Bremen bereits seit längerem. Die A320 hatte gerade ihren Erstflug hinter sich, die Projekte

Die DASA wurde am 19. Mai 1988 durch die Fusion der Dornier GmbH, der MTU und Teilen der Traditionsfirma AEG gegründet. Wenige Monate später übernahm sie die Firma Messerschmitt-Bölkow-Blohm (MBB), zu der seit 1986 auch die in Hamburg-Finkenwerder ansässige HFB (Hamburger Flugzeugbau) und seit 1981 auch die VFW (Vereinigte Flugtechnische Werke) in Bremen gehörte. Ursprünglich hieß die DASA Deutsche Aerospace AG, dann Daimler-Benz Aerospace AG und zuletzt DaimlerChrysler Aerospace AG. Nach der Gründung der EADS im Jahr 2000 fungierte die DASA nur noch als reine Holdinggesellschaft für die deutschen Anteile an dem deutsch-französisch-spanischen Konzern.

TA9 und TA 11, aus denen das Doppelprogramm A330/A340 wurde, befanden sich in der Entwicklung. Ein Flugzeug für das obere Ende des Marktes wäre der logische nächste Schritt in der Entwicklung der Produktpalette von Airbus. So stellten die einzelnen Airbus-Partnern schon Ende der 1980er-Jahre Teams zusammen, die entsprechende Studien erarbeiteten. Bei Aerospatiale heißt das Projekt ASX 500/600, bei British Aerospace AC-14 und bei der DASA erst P502/602, dann A350 und schließlich A2000.

Manche der Entwürfe, die damals entstanden, muten heute bizarr an. So sollte die A350, die nichts mit dem heutigen Twinjet zu tun hat, einen klobigen, stark ovalen, doppelstöckigen Rumpf bekommen. Das Cockpit befand sich nach vorn herausgezogen im Unterdeck, ein wenig wie heute bei der Beluga. Dahinter waren Schlafkabinen für die Passagiere der Ersten Klasse geplant.Das Oberdeck sollte vorn verglast sein und den Passagieren der Ersten Klasse einen atemberaubenden Panoramablick bieten. Ein anderes Konzept schlug eine Entwicklungskosten sparende horizontale Double Bubble vor aus zwei A340-Rümpfen nebeneinander, einem aufgesetzten Cockpit und einem doppelten Seitenleitwerk. Hinter diesem Entwurf steckte der Luxemburger Jean Roeder, Chefingenieur von Airbus und an allen bisherigen Airbus-Flugzeugen beteiligt. Seit Mitte 1988 arbeitete er mit einem kleinen Team ganz im Geheimen an diesem Projekt. Im Windkanal überzeugte dieser unkonventionelle Ansatz aber nicht. Die von den deutschen Ingenieuren ausgeknobelte A2000 hingegen sieht der späteren A380 äußerlich bereits recht ähnlich: ein doppelstöckiger, ovaler Rumpf mit einem dazwischen angeordneten Cockpit, 80 Metern Spannweite und eine Flügelfläche von 760 Quadratmetern.

Im Spätsommer 1994 besuchte Airbus ein Dutzend möglicher Kunden vor allem in Asien, um ihnen das Konzept der A3XX vorzustellen. Geplante erste Auslieferung: 2003. Neue Triebwerke waren zu diesem Zeitpunkt erstaunlicherweise noch nicht vorgesehen, obwohl diese bei neuen Flugzeugen stets den Löwenanteil zur Senkung von Treibstoffverbrauch und Betriebskosten beisteuern. Wieviel Selbstbewusstsein das Konsortium inzwischen gewonnen hatte, wurde deutlich, als der scheidende Marketingchef Charles Masefield auf der Farnborough Air Show verkündete: »Boeing wird sich an den Gedanken gewöhnen müssen, nach drei oder vier Jahrzehnten als die Nummer Eins die Nummer Zwei zu sein.« Durch den Superjumbo werde Airbus Boeing im nächsten Jahrzehnt als führenden Flugzeughersteller ablösen. Das klang in den Ohren vieler arg großsprecherisch, lautstarkes Marketinggeklingel eben. Doch ein gutes Jahrzehnt später sollte Masefields vollmundige Ankündigung Realität sein.

Airbus machte Ernst. Zur Realisierung der A3XX wurde eine »Large Aircraft Division« geschaffen und Jürgen Thomas zum 1. März 1996 zu ihrem Chef ernannt. Thomas hatte als Chefingenieur die A310 in die Luft gebracht, war dann Chef des gesamten A300/A310-Programms geworden und 1988 von Toulouse zurück nach Hamburg gewechselt, wo er an der A2000-Studie mitgearbeitet hatte. Außerdem hatte er mit Boeing-Ingenieuren am Tisch gesessen, um das VLCT zu diskutieren. So groß und anspruchsvoll das Vorhaben, das er nun leitete, so bescheiden war das Budget. 40 Millionen Dollar standen ihm zur Verfügung, erinnerte Thomas sich später. Das war mickrig für das größte zivile Flugzeugprogramm der Geschichte. Dafür hätte man später nicht mal die Triebwerke des Riesenvogels kaufen können. Die Ursache dieser sparsamen Ausstattung war die Art, wie Airbus sich finanzierte. Während Unternehmen wie der Wettbewerber in Seattle ein solches Projekt vom Aufsichtsrat genehmigen lassen und dann loslegen können, war die Sache bei Airbus komplizierter. Als bloßer Zusammenschluss von Unternehmen bedurfte ein solches Vorhaben der Finanzierungszusage aller vier Partner. Damit war man aber sofort bei der Frage der Arbeitsteilung. Wer baut was und wie bewertet man das prozentual? Schließlich hatte, die Politik eingeschlossen, niemand Interesse, sich stärker an den Entwicklungskosten zu beteiligen als später an der Produktion.

Das Tempo, das Airbus beim Aufbau der Produktpalette vorlegte, stellte hohe finanzielle Ansprüche an jedes der Partner-Unternehmen. In den vergangenen zehn Jahren hatten sie die A320, die A330 und die A340 zu finanzieren gehabt. Während sich die A320 und A330 recht ordentlich verkauften, war abzusehen, dass für die A340 teure Modellpflege nötig sein werde, um gegen die 777 bestehen zu können, mit der Boeing gerade das Segment oberhalb von 300 Sitzen eroberte. Bei aller Begeisterung für das Ziel fiel es in diesem Umfeld nicht leicht, für ein einziges neues Programm mehr Geld bereitzustellen als für alle bisherigen zusammen. Es war zwar zu erwarten, dass sich die Airbus-Staaten in bewährter Weise an dem Kraftakt beteiligen würden, aber ein Selbstläufer war auch das nicht.

Eine Familie von Riesen

Wichtige Akteure bezweifelten, dass sich ein Projekt dieser Größe in den bestehenden Strukturen verwirklichen lassen würde. Im Grunde war Airbus nichts anderes als eine

Jürgen Thomas gilt als der Vater der A380. Im März 1996 übertrug man ihm die Verantwortung für das A3XX-Programm. Das 2008 eröffnete Airbus Auslieferungszentrum in Hamburg wurde nach ihm benannt.

Organisation für Marketing und Verkauf. Alle Verträge mit Zulieferern lagen entsprechend den jeweiligen Arbeitspaketen in den Händen der einzelnen Partner. Weder hatte Airbus selbst die Möglichkeit, die Kosten der Produktion zu beeinflussen, noch war es möglich, zu entsprechend günstigeren Konditionen Beschaffungsverträge für ein ganzes Flugzeugprogramm zu schließen. Auch aus Sicht der Kunden waren die Airbus-Strukturen alles andere als ideal. Was würde sein, wenn sich die Partner plötzlich zerstritten? Eine Organisationsform, die 25 Jahre zuvor für einen Marktneuling akzeptabel gewesen war, die war nicht mehr angemessen für jemanden, der sich lauthals anschickte, die Nummer Eins in einem globalen Multimilliarden-Business vom Thron zu schubsen.

Die Large Aircraft Division war ein erster Schritt in die richtige Richtung, aber eben nur ein erster, viel zu kleiner. Während der CEO

Die A3XX-100, aus der dann die A380-800 wurde, war als Basis für eine ganze Flugzeugfamilie geplant. Zu ihr sollten ein Frachter und eine um sieben Meter verlängerte A3XX-200 gehören.

von Aerospatiale und spätere Airbus-CEO Louis Gallois auf der Bremse stand, machten die Deutschen und die Briten Druck. Dick Evans, CEO von BAe, machte eine Zustimmung zur A3XX von einer Restrukturierung von Airbus abhängig. Die deutsche Regierung machte die Umwandlung in eine »Single Company« zur Vorbedingung für die finanzielle Unterstützung des Projektes. Das wirkte.

Am 13. Januar 1997 vereinbarten die Airbus-Partner, aus der Interessengemeinschaft ein Unternehmen zu machen, das in Zukunft alle Aufgaben von der Entwicklung über Produktion und Einkauf bis zur technischen Betreuung der Kunden übernehmen solle. Damit begann ein langer, steiniger Weg voller Konflikte, deren Narben auch heute noch nicht verschwunden sind. Aber er war notwendig, um Augenhöhe mit den großen Rivalen in den USA zu erreichen.

Von Anfang an plante Airbus seinen Superjumbo als Familie. Ausgangspunkt war die A3XX-100 mit 555 Sitzen in drei Klassen und 760 Sitzen ein zwei Klassen. Von dieser Basisversion abgeleitet sollte es eine Langstreckenversion (-100R) mit derselben Kapazität und 16.200 Kilometern Reichweite geben, einen Frachter (-100F) mit 150 bis 160 Tonnen Nutzlast bei 9.000 Kilometern Reichweite sowie eine Kombi-Version (-100C) mit 400 Sitzen und Platz für 50 Tonnen Fracht. Eine A3XX-200 mit einem um rund sieben Meter verlängerten Rumpf und einer Nominalkapazität von 656 Sitzen sollte die Familie nach oben abrunden. Nach dem Ende 747-500X kam noch eine verkürzte A3XX-50 mit 480 Sitzen hinzu, weil der Lufthansa der Sprung von der 747-400 zur A3XX-100 zu groß erschien. Den Listenpreis für die Basisversion gab Airbus mit 200 Millionen Dollar an. Die Entwicklungskosten bezifferte Programmchef Jürgen Thomas 1997 mit acht Milliarden Dollar, möglicherweise weniger.

Ökonomisch blies der Luftfahrt in dieser Zeit ein kalter Wind ins Gesicht. Im März 1997 schlidderte die Wirtschaft Thailands in eine tiefe Rezession. In den folgenden Monaten folgten die übrigen Tigerstaaten: Indonesien, Malaysia, Philippinen, Singapur, Korea. Aktienkurse stürzten ins Bodenlose, die Landeswährungen verloren rapide an Wert, die Immobilienmärkte brachen ein, Banken taumelten. Die große Hoffnungsregion wurde binnen Wochen zum Sorgenkind. Die Aussicht, asiatische Unternehmen als Risikopartner in das A3XX-Programm einzubinden und so gleichzeitig bei den zumeist staatlich kontrollierten Airlines einen Fuß in die Tür zu bekommen, zerstob. Es würde den Ländern auf Jahre hinaus am Geld fehlen. Die japanische Wirtschaft, die schon vorher geschwächelt hatte, musste ebenfalls Federn lassen. Die Fluggesellschaften JAL und ANA, die beide Interesse an der A3XX signalisiert hatten, kämpften ums Überleben. Für sie hatte Airbus eine Kurzstreckenversion analog zur 747-400D untersucht. Nun fielen beide als potenzielle Abnehmer aus. JAL sollte nie als Kunde zurückkommen, ANA wurde mit einer Order über drei Flugzeuge 2016 der letzte Neukunde für den Superjumbo. Die großen internationalen Fluggesellschaften in Europa und den USA litten ebenfalls unter der einbrechenden Nachfrage in Fernost. Sie hatten Schwierigkeiten, die vorhandenen Kapazitäten zu füllen. An milliardenschwere Neubestellungen war auch für sie nicht zu denken. In diesem Umfeld sah sich Airbus gezwungen, den Startschuss für den Bau des Riesen zunächst um ein Jahr zu verschieben. Bei der Bekanntgabe ließ der neue Airbus-Chef Noël Forgeard aber keinen Zweifel daran, dass Airbus entschlossen sei, das Flugzeug zu bauen.

Die Probleme auf Kundenseite waren nicht die einzigen, die den Nachfolger von Jean Pierson in Sachen A3XX erwarteten. Das Ziel von 15 bis 20 Prozent niedrigeren Betriebskosten im Vergleich zur 747 war noch nicht erreicht, wie bei allen neuen Flugzeugprogrammen üblich war das Gewicht zu hoch, und die Politik machte Druck, endlich die vereinbarte Umwandlung von einem Konsortium in eine Aktiengesellschaft unter Dach und Fach zu bringen. In diesem Punkt machen die Deutschen immer wieder klar, dass es ohne diesen Schritt keinen Cent an staatlicher Unterstützung für die A3XX geben werde. Dabei war es gerade der deutsche Airbus-Partner, der den Prozess ins Stocken gebracht hatte. Im Oktober 1998 wurde bekannt, dass DASA und Britisch Aerospace Gespräche über eine Fusion der beiden Unternehmen führten. Zusammengenommen hätten sie einen Anteil von 57,9 Prozent an dem Konsortium gehabt. Diese Verschiebung des Kräfteverhältnisses zu Ungunsten Frankreichs war weder für Aerospatiale, die zu 48 Prozent in staatlicher Hand waren, akzeptabel, noch für die französische Regierung.

Deutsch-französisches Standort-Gerangel

Noch ein zweites Hindernis war aus dem Weg zu räumen, und zwar ein Wackerstein riesigen Ausmaßes: Wo soll die Endmontage für Europas neuen Superflieger stehen? Spanien schlug Sevilla vor, das aber schon wegen seiner geografischen Randlage und den daraus resultierenden langen Transportwegen ein klarer Außenseiter war. Für die Franzosen kam ein Standort außerhalb Frankreichs von vornherein nicht infrage. Für sie reduzierte sich das Problem darauf, ob Toulouse oder St. Nazaire der bessere Standort seien. Das

Nach langem, zähem Ringen zwischen Deutschen und Franzosen fiel die Entscheidung: Gebaut wird die A380 in Toulouse, wo bereits die anderen Großraumflugzeuge montiert wurden …

traditionsreiche Werk in der Loire-Mündung bot sich an, weil abzusehen war, dass der Transport der riesigen Bauteile der A3XX nur auf dem Seeweg würde erfolgen können. Die Deutschen hingegen brachten neben Hamburg auch Rostock ins Spiel. Dort gab es einen Hafen, einen Flughafen und billige Arbeitskräfte. Es ging um 4.000 hochqualifizierte Arbeitsplätze, davon 2.000 bei Zulieferern. Im strukturschwachen Mecklenburg-Vorpommern wäre so gut ein Jahrzehnt nach der Wiedervereinigung ein wertvoller industrieller Kern entstanden, ein starkes Stück Aufbau Ost. Strukturpolitisch war das gut gemeint, in der Praxis aber verbot sich für ein Start auf der grünen Wiese für ein so anspruchsvolles Projekt, wie es die A3XX nun einmal war.

Alle Kandidaten legten sich mächtig ins Zeug. Das Projekt A3XX hatte zu diesem Zeitpunkt in der öffentlichen Wahrnehmung längst vom festen Boden der Realitäten abgehoben. Das machte eine Einigung nicht einfacher. Hamburgs Wirtschaftssenator Thomas Mirow erhob die A3XX zu dem »industriellen Zukunftsprojekt des 21. Jahrhunderts«, was selbst dann Unfug gewesen wäre, wenn später alle Blütenträume für das Projekt in Erfüllung gegangen wären. Das Jahrhundert war ja gerade erst ein paar Monate alt. Auf der anderen Seite des Rheins veröffentlichte Philippe Delmas, enger Vertrauter und höchster Sprecher von Noël Forgeard, ein Buch mit dem Titel »Vom nächsten Krieg mit Deutschland«. Darin vertrat er die These, ohne eine wirtschaftliche und politische Zusammenarbeit zwischen Frankreich und Deutschland werde es wegen der historisch verwurzelten Expansionslüste der Deutschen wieder zu einem Krieg zwischen beiden kommen.

Es wurde mit harten Bandagen gekämpft. Aber die Größe und Bedeutung des Projektes ließ keinen Raum für ein Scheitern. Sie erzwang eine Einigung, die dann typisch europäisch ausfiel: Die Endmontage findet in Toulouse statt, die Innenausstattung und Lackierung in Hamburg. Dort werden Airlines aus Europa und dem Nahen Osten sowie Frachterkunden ihre Maschinen entgegennehmen, alle anderen Flugzeuge werden in Toulouse übergeben. Wirtschaftlich war das vollkommen unsinnig und trieb die Produktionskosten in die Höhe. Triebwerke installiert man, weil sie so teuer sind, üblicherweise so spät wie möglich. Bei der A380 kosteten sie schon damals über 20 Millionen Doller pro Stück, mussten aber wegen der Überführung nach Hamburg viele Monate vor der Auslieferung montiert werden. Die Luftfahrtwelt schüttelte den Kopf.

Als dann auch die geplante deutsch-britische Fusion nicht zustande kam, war der Weg endlich frei: Am 10. Juli fusionierten DASA, Aérospatiale-Matra und die spanischen CASA zur European Aeronautic Defence and Space SE, kurz EADS. Es entstand das nach Umsatz drittgrößte Luft- und Raumfahrtunternehmen der Welt. Die Briten blieben separat. Der EADS gehörten 80 Prozent der Anteile an Airbus, British Aerospace die verbleibenden 20. Damit waren auch die Voraussetzungen für einen Start der A3XX geschaffen und für die Übernahme von einem Drittel der Entwicklungskosten durch Deutschland, Frankreich, Spanien und Großbritannien. 40 Prozent der Kosten sollten durch Zulieferer außerhalb der Airbus-Gruppe aufgebracht werden. Für die Übernahme der Entwicklungskosten und des Risikos würden sie im Gegenzug an den Erträgen partizipieren.

Schon zwei Wochen zuvor hatten die Partner die »Authorisation to Offer« erteilt, grünes Licht, um das Flugzeug offiziell anzubieten und Kaufabsichtserklärungen einzusammeln. 50 Vorbestellungen würden für einen formellen Programmstart notwendig sein, wobei es nicht nur auf die Zahl allein ankommen sollte, sondern auch die Qualität der Kunden. Diese Hürde war schnell genommen, denn schon lange arbeitete Airbus bei der Definition des Flugzeugs eng mit gut einem Dutzend großer Fluggesellschaften zusammen.

Am 19. Dezember 2000 fiel der Startschuss für den Bau des neuen Airbus-Flaggschiffs, des größten Verkehrsflugzeugs der Geschichte. Sechs sogenannte Launch Customer hatten Vorverträge unterschrieben: Emirates (15), Singapore Airlines (10), Qantas (12), Air France (10), Virgin Atlantic (6) und schließlich der Leasing-Gigant ILFC (5), schon damals der größte Kunde von Airbus. Im Laufe des kommenden Jahres wurde alle in Festverträge umgewandelt. Es kamen sogar noch einige hinzu. Ende 2001 waren 85 Flugzeuge fest verkauft, darunter sieben Frachter und 15 Flugzeuge für Lufthansa.

... Danach flogen sie für Innenausstattung und Lackierung nach Hamburg. Die Auslieferung an die Kunden war zwischen beiden Standorten nach Regionen geteilt.

Selbstverständlich hatte Airbus den ersten Kunden ihre Entscheidung mit kräftigen Preisnachlässen versüßt. Singapore Airlines hatte statt des Listenpreises von 220 Millionen Dollar nur 150 Millionen zahlen müssen. Bei den anderen Kunden der ersten Stunde war es wohl ähnlich. Aber ein Entgegenkommen in dieser Größenordnung ist durchaus üblich, denn die Erstkunden begleiten die Entwicklung des Flugzeugs und die Vorbereitung für den Liniendienst sehr intensiv, was für sie mit erheblichen Kosten verbunden ist. Zudem tragen sie das Risiko von Verzögerungen und Kinderkrankheiten in besonderem Maße.

Gespannt hatte die Luftfahrtwelt darauf gewartet, wie das Riesen-Baby der Europäer denn nun heißen würde. A350 wäre zwar ein logischer Schritt gewesen, schied aber von vornherein aus, denn zwischen den nominell 312 Sitzen der A340-600 und den 555 Sitzen des neuen Superjumbos war noch Platz für mindestens eine, wenn nicht sogar zwei Flugzeugfamilien, um Boeing auch dieses Segment streitig zu machen. Deshalb galt

Der Bau von Flugzeugen erfordert ein weltweites Netz von Zulieferern und von firmeneigenen Standorten, an denen Großbauteile gefertigt werden, die dann in der Endlinie zusammengebaut werden. Die Logistik dahinter ist aufwändig und anspruchsvoll, vor allem bei den heute hohen Produktionszahlen. Während Boeing-Flugzeuge in drei Endmontage-Werken (Renton, Everett und Charston) gefertigt werden, unterhält Airbus sechs Endmontagen: Toulouse (A320/A321, A330, A350), Hamburg (A319/A320/A321), Tianjin (A320), Mobile, Alabama (A320, A220), Mirabel, Canada (A220).

auch die Bezeichnung A360 als eher unwahrscheinlich. Die Bezeichnung A380 aber war eine Überraschung und eine Verbeugung in Richtung Asien, wo man den größten Markt geortet hatte. In China und anderen Ländern der Region gilt die Acht als Glückszahl. Zudem versinnbildlichen die beiden übereinanderliegenden Kreise der Zahl die doppelstöckige Auslegung der A380. Aus der A3XX-100 wurde die A380-800, aus der -200 die -900. Im vierten Quartal 2004 sollte der Erstflug sein, der erste Linienflug bei Singapur Airlines im März 2006. Um die erwartete Nachfrage zu decken, plante Airbus eine anfängliche Produktionsrate von 50 Flugzeugen pro Jahr. 2011 sollte weltweit eine Flotte von 250 Superjumbos im Einsatz sein.

Bei der Entscheidung über den Standort der Endmontage hatten die Franzosen ihren Kopf durchgesetzt. Daher gab es aus deutscher Sicht noch eine offene Rechnung. Diese präsentierte Manfred Bischoff, ehemaliger DASA-Chef und nun Vorsitzender des EADS-Aufsichtsrats, seinem Kollegen Jean-Luc Lagadère nur wenige Stunden, bevor der Start der A380 verkündet wurde. Als Gegenleistung solle Hamburg das Zentrum für die Single-Aisle-Flugzeuge von Airbus werden. Der bereits absehbare Aufbau weiterer Kapazitäten für die A320-Familie werde an der Elbe erfolgen. Für den Fall, dass die Nachfrage einmal zurückgehen sollte, werde zuerst die Produktion in Toulouse zurückgefahren. Seit dem Sommer hatten Manfred Bischoff und vor allem der langjährige Chef in Hamburg, Gustav Humbert, versucht, diese Kompensation durchzusetzen, waren aber auf taube Ohren gestoßen. Jetzt machte Bischoff klar, ohne eine solche Zusage werde es keine A380 geben. Es war blanke Erpressung; ein Scheitern der A380 in letzter Sekunde hätte der Glaubwürdigkeit von Airbus irreparablen Schaden zugefügt. Die Deutschen bekamen ihren Willen, die entsprechenden Papiere waren bereits vorbereitet, Lagadère unterschrieb. Angesichts des Verkaufserfolgs der A320-Familie ist diese Zusage in der Rückschau um ein Vielfaches wertvoller, als es eine komplette A380-Endlinie im Hamburg hätte sein können.

Hamburg macht Platz

Schon Mitte der 1990er-Jahre platzte das Werk in Hamburg-Finkenwerder aus allen Nähten. Selbst die Produktion der gigantischen Rumpfsegmente für die A380 wäre nicht unterzubringen gewesen, noch weniger eine Endmontage. Um ausreichend Platz für das gigantische Vorhaben zu schaffen, blieb nur das Mühlenberger Loch, eine Ausbuchtung der Elbe unmittelbar westlich des Airbus-Werkes. Mit 675 Hektar ist es das größte Süßwasserwatt Europas, ein ökologisches Kleinod. Aber auf einem Viertel davon sollten in Zukunft nicht mehr Zugvögel landen, sondern Metallvögel gebaut werden. Im Oktober 1998 begann das Planfeststellungsverfahren. Hamburg stellte für das Vorhaben fast 1,3 Milliarden Mark, also 650 Millionen Euro, bereit.

Der Widerstand war groß. Zwar hatte Hamburg sich in Staatsverträgen mit seinen Nachbarländern ökologische Ausgleichsflächen gesichert, aber diese waren, so die Argumentation der Naturschützer, nicht in der Lage, für einen echten Ausgleich zu sorgen. Überdies würde es Jahre dauern, bis sie ihre Wirkung würden entfalten können. Wegen des »übergeordneten öffentlichen Interesses« gab die EU-Kommission dem Antrag Hamburgs auf Aufhebung des Naturschutzes für die benötigte Teilfläche des Mühlenberger Lochs statt. Mehr als 250 An-

Erfolg frisst Natur. Schon vor der A380 platzte das Airbus-Werk in Hamburg aus allen Nähten. Für seine Erweiterung wurde das Mühlenberger Loch teilweise zugeschüttet. Das rief den entschiedenen Widerstand engagierter Naturschützer hervor. Die Bilder zeigen das Airbus-Werk im Jahr 2011 und kurz nach Beginn der Arbeiten 2001.

wohner und Umweltverbände klagten vor dem Verwaltungsgericht Hamburg gegen den Planfeststellungsbeschluss für die Werkerweiterung. Sie hatten zunächst Erfolg. Am 20. Dezember 2000, einen Tag nach dem Startschuss für das A380-Programm, stoppte das Hamburger Verwaltungsgericht die geplanten Arbeiten. Genau zwei Monate später hob die nächste Instanz das Urteil aber auf. Gleich am nächsten Tag begannen die Bauarbeiten. Hinter Spundwänden, die die Baustelle gegen die Elbe abschotten, wurden in den folgenden Monaten insgesamt elf Millionen Kubikmeter Sand aufgeschüttet. Viereinhalb Meter erhob sich das nun Mühlenberger Sand genannte neue Airbus-Gelände am Ende über Normalnull.

Widerstand formierte sich auch bei den Apfelbauern im Alten Land, vor allem nachdem Hamburg zugesagt hatte, wenn nötig

auch eine längere Startbahn zu ermöglichen. Airbus hatte eine Verlängerung um 363 auf 2.684 Meter zur Bedingung gemacht. 2003 beantragte Airbus dann aus heiterem Himmel weitere 589 Meter. Dies sei für den geplanten Frachter erforderlich. Nach Gesprächen mit möglichen Kunden seien technische Veränderungen notwendig geworden. Ohne die Möglichkeit, die A380-800F zu bauen, sei die Wirtschaftlichkeit des A380-Programms gefährdet. Wirklich nachzuvollziehen war diese Begründung nicht. Es spricht einiges dafür, dass es sich um eine französische Finte handelte, um die Position Hamburgs im Wettbewerb der Airbus-Standorte zu schwächen. Denkbar ist aber auch, dass die Verantwortlichen bei Airbus eine Verlängerung auf Vorrat durchsetzen wollten, um für spätere, noch größere A380-Varianten gerüstet zu sein.

Der juristische Kleinkrieg um die Werkserweiterung hatte ihnen möglicherweise gezeigt, dass es zu einem späteren Zeitpunkt aussichtlos sein würde, ein solches Vorhaben durchzusetzen. Hamburg genehmigte den Nachschlag willfährig und auch die dafür zusätzlich benötigten 56 Millionen Euro. Auf die naheliegende Idee, einfach auf die Auslieferung des Frachters zu verzichten, kam niemand. Am 21. Mai 2003 wurde die erste der neuen A380-Hallen in Gegenwart von Bundeskanzler Gerhard Schröder eingeweiht, 228 Meter lang, 120 Meter breit und 46 Meter hoch. Mit ihr wurden die riesigen Ausmaße des neuen Flugzeugs erstmals für Außenstehende sichtbar.

Auch Riesen müssen leicht sein.

Je größer ein Flugzeug, desto höher die technischen Herausforderungen. Mit der A380 ging Europa an die Grenze des Machbaren, wobei die Machbarkeit sich nicht daran orientieren konnte, was technisch realisierbar ist, sondern was zu einem Flugzeug führt, dass zu wettbewerbsfähigen Kosten gebaut und betrieben werden kann. Größe allein führt dabei nicht zu mehr Wirtschaftlichkeit, wie ein einfacher Vergleich zwischen dem Boeing-Jumbo und dem Airbus-Superjumbo zeigt. Das Leergewicht einer Boeing 747-400 beträgt pro Sitzplatz 437 Kilogramm, das einer A380-800 dagegen 493 Kilogramm. Selbst die geplante A380-900 mit Platz für 650 Passagiere wäre pro Sitz immer noch schwerer gewesen als der Boeing-Jumbo von 1989. Das liegt nicht an den mangelnden Fähigkeiten der Airbus-Ingenieure, sondern daran, dass sich bestimmte Parameter eben nicht linear entwickeln. Wenn Airbus sich das Ziel gesetzt hatte, die Betriebskosten der A380 sollten 15 bis 20 Prozent unter denen der 747 liegen, dann war das eine riesige Aufgabe.

Zudem ist die A380-800 das kleinste Mitglied einer geplanten Familie von Superjumbos. Zentrale Bauteile wie die Tragflächen und der Flügelmittelkasten, der die Kräfte von den Tragflächen auf den Rumpf überträgt und das Bauteil mit den höchsten Anforderungen an seine Festigkeit ist, sind für alle Familienmitglieder im Wesentlichen gleich. Sie jedes Mal komplett neu zu entwickeln, wäre viel zu teuer. Die A380-800 ist daher wie zum Beispiel auch eine A319 in dieser Hinsicht überdimensioniert und schleppt Gewicht mit sich herum, dass sie eigentlich nicht braucht. Gewicht aber bedeutet Widerstand und damit höhere Betriebskosten. Jürgen Thomas, Chef der »Large Aircraft Division« in Toulouse und wegen seiner Verdienste um das Flugzeug der »Vater der A380« genannt, gestand später in einem Interview ein: »Vieles hat mir Sorgen gemacht, denn es war ja neu und wir wussten nicht, ob es funktioniert.«

Die Erfolgsgeschichte von Airbus basiert von Anfang an darauf, dass die Europäer innovativer waren: Die A300, das erste zweistrahlige Großraumflugzeug, die A310, das erste Großraumflugzeug mit Zwei-Mann-cockpit und Seitenleitwerk aus Kohlefaser, die A320, das erste Verkehrsflugzeug mit Sidestick und digitaler Fly-by-Wire-Steuerung.

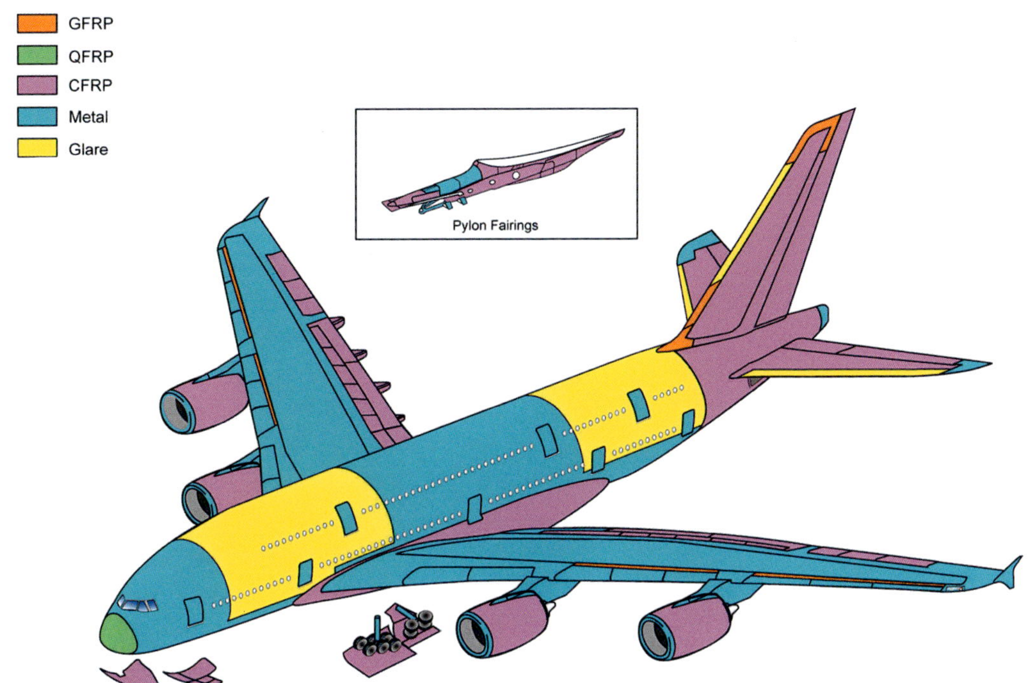

Übergewicht ist ein Problem mit dem die Entwickler der A380 in besonderem Maße zu kämpfen hatten. Jedes Kilogramm zu viel kostet im Laufe eines Flugzeuglebens Tonnen an Treibstoff. Die Diät bestand aus Verbundwerkstoffen auf Basis von Glasfasern (GFRP), Quarzfasern (QFRP) und Kohlefasern (CFRP) sowie aus GLARE.

Aber der Bau der A380 war eine größere Herausforderung als alle anderen zuvor. Die großen nationalen Forschungseinrichtungen wie das DLR in Deutschland und ONERA in Frankreich halfen die Grundlagen zu schaffen. Die Bundesregierung stellte 1995 im Rahmen der Ersten Luftfahrtforschungsprogramms 1,2 Milliarden DM (600 Millionen Euro) und 1998 nochmals dieselbe Summe für die Entwicklung der erforderlichen Technologien bereit. Ähnliche Programme gab es in Frankreich, Großbritannien und Spanien. Überall wurde daran gearbeitet, die A380 möglich zu machen.

Auch bei diesem Flugzeug war Airbus wieder Schrittmacher beim Einsatz von Kohlefaser. Zum ersten Mal kam beim Flügelmittelkasten in großem Stil kohlefaserverstärkter Kunststoff zum Einsatz. Das riesige hintere Druckschott besteht ebenfalls aus diesem Material. Es misst 5,5 x 6,2 Meter und schließt den druckbelüfteten Teil des Flugzeugs zum Heck hin ab. Auf ihm lastet im Reiseflug ein Druck von fünf Tonnen. Trotzdem wiegt es nur 250 Kilogramm. Die in Getafe, einem Vorort von Madrid, hergestellte Heckspitze, ist das bis dahin größte aus Kohlefaser gefertigte Bauteil im zivilen Flugzeugbau, 9,5 Meter lang, 6,5 Meter breit und 3,9 Tonnen schwer. Die Beplankung der in Deutschland hergestellten Rumpftonnen besteht in ihrem oberen Teil aus GLARE, auch das eine Novität im Bereich des Leichtbaus. Dieser Verbundwerkstoff besteht aus wenige zehntel Millimeter dünnen Aluminiumblechen, die mit einer Glasfaserfolie miteinander verklebt sind. Das Material ist zehn Prozent leichter als Aluminium, war aber zuvor noch nie im Flugzeugbau verwendet worden. Ein Airbus A310 der Luftwaffe, bei dem die Lufthansa Technik einige Stringer und Bleche der Außenhaut ausgetauscht hatte, diente als Erprobungsträger. 485 Quadratmeter GLARE machten jede A380 um beinahe eine Tonne leichter. Zusätzliches Gewicht ließ sich herauskitzeln indem später

Zu den innovativen Produktionsverfahren, die für die A380 entwickelt wurden, gehört das Laserstrahlschweißen von Aluminium. Gegenüber dem Nieten spart es nicht nur Gewicht, sondern auch Zeit.

auch die Nase des Seitenleitwerks aus GLARE gefertigt wurde. Die Liste der technischen Neuheiten in Zusammenhang mit der A380 ist lang, von Produktionsverfahren wie dem im Airbus-Werk Nordenham entwickelten Laserstrahlschweißen von Aluminium, über die Avionik und die Cockpitsysteme bis hin zum Hydrauliksystem und der Klimaanlage, die beinahe doppelt so groß ausgelegt werden musste wie bei jedem anderen Flugzeug zuvor. Manches war eine direkte Folge der Größe und dem Zwang, Gewicht zu sparen. Vieles resultierte aus dem Spielraum, den ein weißes Blatt als Ausgangspunkt gibt, und natürlich daraus, dass die Latte so hoch lag. Nur wenn die A380 aus der Sicht der Kaufleute, der Techniker und vor allem der Passagiere deutlich besser ist als der Jumbo, würde es möglich sein, der Queen of the Skies ihren angestammten Platz streitig zu machen. Boeing versuchte die A380 als Massen-Transportmittel darzustellen und prägte den Spott »Traveling together with 500 of your closest friends«. Das Marketing von Airbus dagegen strich den Komfort heraus und positionierte die A380 als die neue Dimension des Reisens. Die A380 sollte den Passagieren ein Reiseerlebnis bieten, das sie dazu brachte, gezielt Flüge mit dem Superjumbo zu buchen. Für Fluggesellschaften sollte die A380 als solche ein Wettbewerbsvorteil sein, der sich in höheren Buchungszahlen und letztlich auch höheren Ticketpreisen niederschlägt.

Die geräumige Kabine ist nicht nur 40 Zentimeter breiter als die der 747, sie bietet pro Passagier außerdem mehr Fläche als jedes andere Langstreckenflugzeug. Die Struktur von Rumpf und Kabinenboden sowie die Kabinensysteme sind so ausgelegt, dass die Fluggesellschaften größtmögliche Flexibilität bei der Nutzung des Innenraums und damit bei der Ausgestaltung ihres Produkts haben. Airbus brachte die Möglichkeit ins Spiel, das Unterdeck als Fitnessraum zu nutzen, als Duty-Free-Shop, als Bordrestaurant für die Premiumpassagiere oder als Kinderspielplatz. Andere schlugen vor, dort ein Bordkino einzurichten; so kurz nach der Jahrtausendwende hatten selbst die besten Bildschirme für die Bordunterhaltung nach heutigen Maßstäben Mäusekino-Format mit einer kaum diskutablen Auflösung. Virgin-Chef Richard Branson, immer gut für hochfliegende Ideen, kündigte an: »Wir werden eine Bar und Duschen haben und in Ländern, wo dies erlaubt ist, Roulette und Blackjack. Wir werden ganz sicher auch Doppelbetten, Suiten, Massage und Maniküre an Bord haben.«

Beobachter mit einem ausreichend langen Gedächtnis fühlten sich stark an die Kindertage der 747 erinnert, wo die Pläne für neue Annehmlichkeiten für die Passagiere ähnlich ins Kraut geschossen waren.

Beim Jumbo schaffte nur die Lounge im Oberdeck den Weg in den Airline-Alltag und auch die nur für wenige Jahre, bevor sie Passagiersitzen Platz machen musste. In der

A380 hingegen wurden die Visionen vom superkomfortablen Reisen Wirklichkeit. Singapore Airlines, Emirates, Etihad und Qatar Airways bauten in ihre A380 Suiten ein. Bei Emirates ist es sogar möglich, an Bord zu duschen. Bei vielen Gesellschaften gehören Lounges zur Ausstattung ihrer A380 oder wie bei Korean Air, wo es einen Duty-Free-Shop gibt.

Zu Lande, zu Wasser und in der Luft

Am 23. Januar 2002 begann die Produktion der A380 mit der Werknummer MSN001, zuerst in Nantes mit dem Bau des Flügelmittelkastens und dann in allen anderen Airbus-Werken und bei den Zulieferern. Ein weltweites Netzwerk, das aus Dutzenden großer Firmen besteht, den sogenannten 1st Tiers, aber auch aus hunderten Sublieferanten, kam einem komplexen Plan folgend in Takt. Die Produktionslogistik von Airbus war schon immer ein Stück komplexer als die des Konkurrenten in Seattle. Die Größe der Flügel, der Rumpfsegmente und des Leitwerks machte ihren Transport diesmal zu einer besonderen Herausforderung. Den Plan, eine A340 zum Supertransporter für den Super-Airbus umzubauen, hatte man frühzeitig zu Gunsten des Schiffstransports verworfen. Die Entscheidung der Franzosen für Toulouse als Ort der Endmontage verkomplizierte die Sache aber außerordentlich, denn die Stadt ist der einzige große Airbus-Standort, der nicht direkt am Wasser oder zumindest in Küstennähe liegt. Jürgen Thomas gab später unumwunden zu, dass Nantes angesichts der Entscheidung für den Seeweg ganz klar

Ein zentrales Marketingversprechen für die A380 lautete von Anfang an: Hier kommt die neue, luxuriöse Art zu reisen. Dieser Entwurf einer Kabinengestaltung stammt aus dem Jahr 2000. Wie drei Jahrzehnte zuvor schoss die Fantasie der Designer ins Kraut. Allerdings fand einiges tatsächlich den Weg in den Airline-Alltag.

Subventionen sind ein wichtiges Instrument staatlicher Industriepolitik. Ohne diese Unterstützung wäre es den Mitgliedern des Airbus-Konsortiums niemals möglich gewesen, moderne Verkehrsflugzeuge zu entwickeln, zu bauen und zu verkaufen. Für den europäischen Steuerzahler war das insgesamt ein gutes Geschäft, den so entstanden zehntausende hochbezahlter Arbeitsplätze. Allein in Deutschland sind mehr als 80.000 Menschen bei Airbus und seinen Zulieferern beschäftigt, die jedes Jahr an die zwei Milliarden Euro an Lohn und Einkommensteuer ausmachen. Und auch die Unternehmen selbst überweisen dem Fiskus jedes Jahr hunderte Millionen.

die bessere Wahl gewesen wäre. Aber Prestige ist nun mal ein französisches Wort und hat seinen Preis. Der betrug in diesem Fall geschätzt 1,2 Milliarden Euro. So viel kostete den französischen Steuerzahler nämlich der Neu- und Ausbau von 237 Kilometern Straße für den Transport.

Am 10. Juni 2004 legte das eigens für diese Aufgabe gebaute Spezialschiff »Ville de Bordeaux« erstmals mit Rumpfsegmenten und Seitenleitwerk für die A380 beladen am werkseigenen Kai in Finkenwerder ab. Von dort ging es zunächst nach Mostyn in Wales, um dort den ersten Satz A380-Tragflächen aufzunehmen, weiter nach St. Nazaire, wo die Rumpftonnen ausgeladen wurden. Im nahen Airbus-Werk Nantes wurde die vordere mit dem dort gefertigten Cockpit verbunden, die hintere mit dem Heckkonus. Dieser war per Schiff aus Cadiz hierhergebracht worden, zusammen mit dem Höhenruder, einem Trumm mit knapp der Spannweite einer A320. Mit allen Großbauteilen an Bord ging die Reise weiter nach Pauillac an der Garonnemündung. Dort wurde die Fracht auf spezielle Lastkähne verladen. Diese konnten sich mit Hilfe von Ballasttanks absenken, um auf den weiteren Weg flussaufwärts nicht an der aus napoleonischen Zeiten stammenden Brücke Pont de Pierre hängen zu bleiben. Nach 100 Kilometern wurde alles auf Spezialtransporter mit 96 Rädern umgeladen. Begleitung eingerechnet umfasste so ein Konvoy 43 Fahrzeuge, einschließlich der Gendarmerie auf Motorrädern. Wie ein kilometerlanger Lindwurm kroch er durch den hügeligen Südwesten Frankreichs. Die Strecke wurde abschnittsweise gesperrt; denn für die riesige Fracht wurde jeder Zentimeter Platz benötigt. Für die rund 200 Kilometer vom Hafen in Langon bis Toulouse brauchte er drei Tage. Gefahren wurde nur nachts, den Tag verbrachten Fahrzeuge und Fahrer auf vier Rastplätzen, die für sie entlang der Strecke gebaut worden waren. Für die Anwohner waren diese Transporte zwar eine Belastung, zugleich aber eine Attraktion, die sie mit typisch französischem Enthusiasmus begrüßten.

Der Rollout der A380 am 18. Januar 2005 geriet zu einem pompösen Fest. Nicht nur Airbus, Europa feierte sich und die Grande Nation sowieso. Dieses Projekt zeigte, was man gemeinsam erreichen konnte, wenn alle an einem Strang ziehen. Das größte Flugzeug der Welt, eine Anhäufung von Superlativen, eine herausragende technologische Leistung, die als solche niemand infrage stellen konnte, eine Revolution für den Weltluftverkehr und mit inzwischen 149 Festbestellungen von 14 Kunden mit einem Wert nach Listenpreis von über 40 Milliarden Dollar auf dem besten Wege, ein kommerzieller Erfolg zu werden. »Unter dem Namen Airbus hat Europa eine der schönsten Seiten in seiner Geschichte geschrieben«, jubelte Airbus-Präsident Noël Forgeard in seiner Rede. Er rechne bereits in Kürze mit neuen Kunden für die A380. Die Politik sonnte sich im Glanz dieses Projektes, das sie bis dahin mit immerhin 3,2 Milliarden Euro an Entwicklungskostenzuschüssen, gut zwei Milliarden an Investitionen in die Infrastruktur und weiteren Milliarden an Forschungsmitteln unterstützt hatte. Der französische Staatspräsident Jaques Chirac forderte, man müsse an diesen Erfolg anknüpfen und Europa zu einem »Hauptquartier der Hochtechnologie« ausbauen. Bundeskanzler Gerhard Schröder schickte eine Botschaft über den Atlantik: Traditionen wie Zusammenarbeit, Fairness gegenüber allen Mitarbeitern eines Unternehmens und soziale Sensibilität hätten diesen Triumph europäischer Wissenschaft und Ingenieurskunst ermöglicht.

248-mal fuhr der Konvoi mit den Bauteilen für die A380 die 237 Kilometer lange Strecke zwischen der Garonne und Toulouse. Er brauchte dafür drei Tage. Die Kosten für den Ausbau der Straße werden auf 1,2 Milliarden Euro geschätzt. Gefahren wurde nur nachts, weil die Straße für die ksilometerlange Kolonne abschnittsweise gesperrt werden musste.

Europa und Amerika im Clinch

In den Vereinigten Staaten sah man die Sache gänzlich anders. Nicht etwa überlegene Ingenieurskunst hatte die A380 möglich gemacht, sondern illegale staatliche Beihilfen. In den Anfängen von Airbus hatten die beteiligten Staaten bis zu drei Viertel der Entwicklungskosten aus Steuermitteln finanziert. Nur so war es möglich gewesen, in dem von Boeing, Lockheed und Douglas dominierten Markt Fuß zu fassen. Seit die Europäer mit der A320 das nach Stückzahlen und Umsatz größte Marktsegment angriffen und Air India mit Kampfpreisen dazu gebracht hatten, die 757 zugunsten der A320 abzubestellen, war dies aus amerikanischer Sicht nicht mehr tolerabel. Um einen Subventionswettlauf zu verhindern, schlossen die USA und die EU 1992 ein Abkommen, das einen festen Rahmen für staatliche Beihilfen schaffen sollte. Es begrenzte die staatliche Unterstützung für neue Flugzeugprogramme, die sogenannten Launch Aids, auf ein Drittel der gesamten Entwicklungskosten. Diese durften auch nicht mehr als verlorene Zuschüsse gezahlt werden, sondern als Darlehen mit einer maximalen Laufzeit von 17 Jahren und einer Verzinsung, die nicht niedriger sein durfte als das, was die jeweiligen Staaten selbst auf den internationalen Finanzmärkten an Zinsen zahlen mussten. Und schließlich durften indirekte Subventionen aus der Nutzung von Programmen, die durch Organisationen wie die NASA oder auch aus dem Verteidigungsbudget finanziert worden waren, nicht höher sein als vier Prozent des Umsatzes, den die jeweiligen Unternehmen im zivilen Flugzeugbau erzielten.

Beide Seiten hatten also deutliche Zugeständnisse gemacht.

Mit den Beihilfen für die A380 sahen die USA dieses Abkommen verletzt und stiegen aus ihm im Oktober 2004 aus. Vor der Welthandelsorganisation WTO beschuldigten sie die Europäer, Airbus mit 22 Milliarden Dollar an vertragswidrigen Subventionen unterstützt zu haben, was zu wirtschaftlichen Vorteilen in Höhe von 200 Milliarden Dollar geführt habe. In ihrer Klage führte die amerikanische Regierung über 300 Einzelmaßnahmen auf, von Kreditkonditionen über staatlich finanzierte Infrastrukturmaßnahmen wie die Werkserweiterung in Hamburg bis hin zur Forschungsförderung.

Die Europäer revanchierten sich mit einer eigenen Klage, in der sie die USA ihrerseits zahlreicher Vertragsverletzungen bezichtigten. So habe das Verteidigungsministerium Boeing Dual-Use-Technologie im Wert von 2,4 Milliarden Dollar kostenlos überlassen. NASA und das Pentagon hätten Boeing außerdem verdeckte Unterstützung bei Forschung und Entwicklung im Wert von drei Milliarden Dollar zugeschanzt. Steuernachlässe, Zinssubventionen und andere Unterstützung des Bundesstaates Washington bezifferte die EU auf 3,5 Milliarden.

Das Verfahren vor der WTO zog sich über mehrere Runden hin. Glaubt man den Pressemitteilungen von Airbus und Boeing, dann eilten Kläger wie Beklagte dabei von Sieg zu Sieg. 2018 fiel das endgültige Urteil über die Klage der USA. Die WTO entschied, dass die EU-Staaten die Entwicklung der A380 und der A350 mit zu niedrig verzinsten Krediten vertragswidrig subventioniert hatten. Unzulässig sei auch, die Regelung, dass es für die Rückzahlung der Kredite keinen festen Zahlungsplan gebe, sondern diese pro rata mit jeder Flugzeugauslieferung getilgt werden, wodurch der Staat vertragswidrig ins Risiko gehe. Zur Wiedergutmachung des Schadens erlaubte die WTO den USA im Oktober 2019, auf Einfuhren aus Europa im Wert von 7,5 Milliarden Dollar Einfuhrzölle zu erheben. Die EU gewann ebenfalls ihre Klage und durfte sich durch Abgaben auf Einfuhren im Wert von vier Milliarden Dollar schadlos halten.

Das Ganze war also ausgegangen wie das Hornberger Schießen. Nachdem hochbezahlte Spezialanwälte viele Millionen Dollar an Honorar abgerechnet hatten, passierte das, was schon lange sinnvoll gewesen wäre: Beide Seiten setzten sich an einen Tisch und suchten nach einer Lösung. Inzwischen gab es einen gemeinsamen Angstgegner. Und der heißt China.

Am 27. April 2005 war der große Tag, auf den viele Tausend Menschen über intensive Jahre hingearbeitet hatten. Um präzise 10:29:30 Uhr hob die MSN 001 mit dem Kennzeichen F-WOWW ab. Zehntausende standen in Toulouse an der Startbahn, Millionen sahen diesen historischen Moment live in alle Welt übertragen am Fernseher. Der Flug dauerte 3 Stunden 54 Minuten, eine perfekte Premiere. Auch die folgende Flugerprobung, an der insgesamt fünf Flugzeuge teilnahmen, verlief ohne wirklich gravierende Ereignisse und endete am 12. Dezember 2006 mit der Erteilung der Musterzulassung durch die europäische EASA und die amerikanische FAA.

Zentimeter, die Milliarden kosten

Nur eine Woche nach dem Jungfernflug bekam das Hochglanzbild, das Airbus und die europäische Presse von dem Projekt gemalt hatten, einen ersten unschönen Kratzer. Die Auslieferung des ersten Superjumbo an Singapore Airlines wurde auf das zweite Halbjahr 2006 verschoben. Wenige Tage bevor dieses angebrochen war, am 13. Juni 2006, musste Airbus eine weitere Lieferverzögerung

wegen Produktionsproblemen eingestehen. Es gab Schwierigkeiten mit der Verkabelung. Airbus in Hamburg lieferte die Rumpfsegmente vollständig ausgerüstet nach Toulouse, das heißt mit allen Kabeln, Hydraulikleitungen und anderen Einbauten. Bei der Endmontage mussten sie theoretisch nur noch mit den Einbauten der anderen Sektionen verbunden werden. Aber dies Kabel waren zu kurz. Es ging um wenige Zentimeter. Bei der MSN 001 hatte man die Sache noch irgendwie hinbiegen können, aber ihre Tragweite nicht erkannt. Schließlich lag man schon um Wochen hinter dem Zeitplan zurück.

Als die Kabel auch bei den folgenden Flugzeugen nicht passten, dämmerte es den Verantwortlichen, dass es sich um ein grundsätzliches Problem handelte, um nicht zu sagen um eine Katastrophe. Die Verkabelung einer A380 hat eine Länge von 530 Kilometern. Sie besteht aus über 100.000 elektrischen Leitungen. Zusammengefasst in hunderten weitverzweigten, teils armdicken Kabelbäumen mit 40.300 Steckverbindungen winden sie sich durch das Flugzeug. Sie liefern Strom, verbinden Sensoren mit den Bordrechnern und schicken Steuersignale zu tausenden von Geräten. Nie zuvor hatte Airbus ein ähnlich komplexes elektrisches System entworfen.

Als das Problem öffentlich wurde, verlor die Airbus-Aktie innerhalb eines Tages ein Viertel ihres Wertes. Sofort brachen die mühsam verdeckten Gräben zwischen Deutschen und Franzosen bis in die Unternehmensspitze wieder auf. Noël Forgeard, neben dem Deutschen Gustav Humbert Co-Chef des Konzerns, machte sofort das Werk auf Finkenwerder für die zwei Milliarden Euro teure Panne verantwortlich. »Es gibt eine ziemlich große Konzentration von Problemen in Hamburg«, sagte er einem französischen Radiosender. Die beinahe reflexhafte öffentliche

Der 27. April 2005 war ein historischer Tag für die europäische Luftfahrt. Zehntausende begeisterte Menschen verfolgten in Toulouse den Jungfernflug der A380. Es war ein Flug aus dem Bilderbuch, aber die Probleme für das A380-Programm fingen da erst an.

Zu einem Flugzeugprogramm gehören hunderte von Zulieferern, darunter auch viele mittelständische Unternehmen. Diese arbeiten aber vielfach nicht direkt mit Airbus zusammen, sondern mit sogenannten Tier-1- oder Tier-2-Suppliern. Das sind Unternehmen, die für bestimmte Systeme, wie etwa die Kabine, das Fahrwerk oder die Avionik eine Gesamtverantwortung übernommen haben. Die nach Auftragsvolumen größten Zulieferer für die A380 waren abgesehen von den Triebwerksherstellen Safran (F), Goodrich (US), Finmeccanica (I), Alocoa (US), Thales (F), Honeywell (US), Smiths Group (UK) und Rockwell Collins (US).

Schuldzuweisung und die folgenden heftigen internen Auseinandersetzungen zeigten auch Außenstehenden überdeutlich, dass Airbus weit davon entfernt war, ein normales Unternehmen zu sein. Statt Probleme gemeinsam anzugehen, hatten Deutsche und Franzosen sie seit Gründung des Unternehmens konsequent vor der »anderen Seite« verheimlicht. Letztlich hatten die beiden Co-CEOs von Airbus jeder ihr eigenes Unternehmen geführt. Das rächte sich jetzt. Es brauchte einen Manager wie Thomas Enders, diese Kultur zu beenden.

Schuld an dem Kabeldesaster war die Software, zumindest oberflächlich. Für die A380 hatte Airbus die Design-Software CATIA von Dassault eingeführt. Mit ihr arbeitete auch Boeing seit der 777. Während die französischen und britischen Standorte mit der Version 5 arbeiten, setzten die Deutschen die Version 4 ein und weigerten sich umzusteigen. CATIA 5 war kein einfaches Upgrade, sondern eine komplette Neuentwicklung. Theoretisch hätten beide Versionen trotzdem kompatibel sein müssen. Waren sie aber nicht, weshalb die Firma Labinal als Hersteller der Kabelbäume fehlerhafte Daten erhielt.

Verkompliziert wurde die Lösung des Problems dadurch, dass man den Fluggesellschaften bei der Innenausstattung große Freiheiten gelassen hatte. Die Folge waren umfangreiche und teure Anpassungen der Verkabelung für jeden Kunden. Im Oktober 2006 musste Airbus bekanntgeben, dass die erste A380 erst im Oktober 2007 an Singapore Airlines übergeben werden könne. Bis 2010 sollten statt 159 nur noch 84 Superjumbos ausgeliefert werden. Dann stornierten FedEx, UPS und ILFC ihre A380F. Das war bitter, denn über den Frachter mit seiner verstärkten Struktur sollte der Weg zur A380-800R mit über 16.000 Kilometern Reichweite und dann zur A380-900 führen. Ein drastisches Sparprogramm mit dem Namen »Power 8«, sollte helfen, die Kosten wenigstens zum Teil aufzufangen. Nicht nur stand wieder einmal Hamburgs Rolle in der A380-Fertigung auf der Kippe, im Airbus-Vorstand wurde angesichts der galoppierenden Kosten sogar ernsthaft diskutiert, das ganze Programm einzustellen. Aber zu viel Geld war bereits ausgegeben und zu groß wäre der Gesichtsverlust gewesen, zu unkalkulierbar dessen Folgen. Mit brutalem Druck gelang es schließlich, die Probleme in der Produktion allmählich zu überwinden. Den Preis dafür bezahlten hunderte Mitarbeiter durch Burn-outs, Netzhautablösungen und andere stressbedingte Gesundheitsschäden.

Ein globales Drehkreuz aus dem Nichts

Am 15. Oktober 2007 übernahm Singapore Airlines in Toulouse ihre erste A380. Zehn Tage später fand unter der Flugnummer SQ380 der erste kommerzielle Flug statt. An Bord waren 455 Passagiere. Sie hatten das Ticket für diesen Flug von Singapur nach Sydney ersteigert. Den Vogel schoss dabei ein Brite ab. Für das Vergnügen, eine der luxuriösen Zweier-Suiten der Ersten Klasse zu nutzen, hatte er stolze 100.300 Dollar auf den Tisch gelegt. Den Erlös aus der Ticketauktion in Höhe von 1,3 Millionen Dollar spendete Singapore Airlines für wohltätige Zwecke. Die asiatische Luxuslinie erhielt zwar die ersten fünf A380, darunter zwei Maschinen aus der Flugerprobung. Der erste Kunde, der 2000 bekanntgegeben hatten, den Superjumbo zu kaufen, war eine kleine, einigermaßen unbedeutende Airline am Persischen Golf. Als Emirates am 30. April 2000 die Bestel-

lung von sieben Flugzeugen, darunter zwei Frachtern, verkündete, bestand ihre Flotte aus gerade mal 21 Flugzeugen – 16 Airbus A300-600 und A310, zwei A330-200 und neun Boeing 777-200. Aber es gab ein Ziel: Dubai sollte zur globalen Marke und zum Magnet für Tourismus und Business werden. In dem Plan von Sheikh Al Maktoum kam Emirates eine zentrale Rolle zu. Auf der Dubai Airshow 2001, mitten in der tiefen Branchenkrise, die die Anschläge vom 11. September ausgelöst hatten, orderte die kleine Airline weiteren 15 A380 sowie 25 Boeing 777. Im Juni 2003 stockte Emirates die Zahl seiner Festbestellung nochmals um 21 Flugzeuge auf. Der Emporkömmling vom Golf, als den viele die Gesellschaft sahen, hielt damit bereits ein Drittel aller Bestellungen.

Wenn man um Dubai einen Kreis von acht Flugstunden schlägt, also etwa 6.500 Kilometer, dann leben darin über vier Milliarden Menschen, mehr als die Hälfte der Weltbevölkerung. Er umfasst die reichen Länder Europas, aber auch die Wachstumsregionen des Luftverkehrs mit aufstrebenden Staaten wie China, Indien, Vietnam, Thailand und Indonesien. Die Genialität des Geschäftsmodells von Emirates liegt darin, diesen einzigartigen Standortvorteil erkannt und konsequent genutzt zu haben. Acht Flugstunden, das ist zugleich eine sehr wirtschaftliche Entfernung. Man kann sie mit einem modernen Langstreckenjet bei allen Wetterverhältnissen mit voller Nutzlast fliegen, hat einen optimalen Treibstoffverbrauch und braucht keine verstärkte Crew. Neben diesen naturgegebenen Standortvorteil profitiert Emirates davon, dass das Emirat auf Unternehmensgewinne keine Steuern erhebt, und von den Vorzügen eines mehr als unternehmerfreundlichen Arbeitsrechts. Während die europäische Konkurrenz ihre Kurzstreckenflüge mit den Gewinnen aus der Langstrecke subventionieren muss, gibt es bei Emirates keine Kurzstrecken. Die Zubringerflüge ins Drehkreuz Dubai kommen aus London, Paris

Erstkunde Singapore Airlines musste lange auf die erste A380 warten. Airbus hatte ernsthafte Probleme mit den 530 Kilometern Kabeln, die in den Riesen verbaut sind. Anstatt wie geplant im Frühjahr 2006 konnte SIA das Flugzeug erst am 15. Oktober 2007 in Empfang nehmen.

▲ Angenehmer als in der Suite von Singapore Airlines (oben) kann man kaum reisen. Korean (unten links) installierte einen Duty-Free-Shop und an Bord der A380 von Emirates (unten rechts) kann man duschen.

◀◀ Mit der Innenausstattung der A380 machten viele Fluggesellschaften Passagierträume wahr. Emirates (oben) und Qatar Airways (unten links) bauten in die A380 eine Bar ein. Etihad (unten rechts) lockte die Gäste mit einer Lounge.

China war der große Hoffnungsmarkt für die A380. Wegen der hohen Wachstumsraten des dortigen Luftverkehrs wäre die A380 notwendig, um eine Überlastung der Flughäfen zu verhindern. Am Ende blieb China Southern der einzige Kunden aus dem Reich der Mitte.

oder Frankfurt und sind profitabel. Auch die Beschränkung auf zwei Flugzeugmuster, die A380 und die 777, hält die Kosten niedrig. Es gibt Untersuchungen, nach denen die Kosten pro angebotenem Passagierkilometer im Jahr 2010 um 40 Prozent unter denen der europäischen Konkurrenten lagen.

Als Airline ohne nennenswerten Heimatmarkt hat Emirates in Dubai einen gigantischen Staubsauger installiert, der aus den Heimatmärkten der Wettbewerber Langstreckenverkehr absaugt und über das Drehkreuz am Golf umleitet. Dafür ist die A380 mit ihrer großen Kapazität perfekt geeignet. Auf Strecken, wo die Nachfrage nach günstigen Tickets besonders hoch ist, fliegt Emirates den Riesen in einer Zweiklassenbestuhlung mit 615 Sitzen, davon 58 Business und 557 Economy. Als Folge des speziellen Geschäftsmodells von Emirates tauchte die A380 nicht nur auf den Flughäfen der großen Metropolen auf, sondern auch dort, wo man dies ursprünglich nicht erwartet hatte: Kopenhagen, Wien, Birmingham, Nizza, Prag oder Hamburg. Keine andere Gesellschaft hat die A380 als Flaggschiff seiner Flotte so sehr in den Mittelpunkt der Kommunikation gestellt. Das supermoderne, futuristische High-Tech-Glitzerbild, das das autokratisch regierte Emirat von sich zeichnet, die globale Luxus- und Lifestylemarke, die Emirates aufgebaut hat und das vom Airbus-Marketing mit viel Aufwand erzeugte Image der A380 als dem Flugzeug für das 21. Jahrhundert passten perfekt zueinander.

Als die Verkäufe hinter den Erwartungen zurückblieben, waren Emirates und ihr President Tim Clark unbezahlbare Promotoren für den Superjumbo. Clark war auch weit und breit der einzige A380-Kunde, der Airbus

Etwa jede zweite A380 fliegt in den Farben von Emirates. Für sie war der Superjumbo das perfekte Instrument, um die einzigartige geografische Lage von Dubai zu nutzen und es nahezu aus dem Nichts zum Drehkreuz für den internationalen Luftverkehr auszubauen.

öffentlich drängte, endlich die A380-900 in Angriff zu nehmen. In einer Zweiklassenbestuhlung hätte sie bei Emirates mehr als 700 Sitze gehabt. Etihad und Qatar Airways, die Fluggesellschaften der Nachbaremirate, die ebenfalls die vorteilhafte geografische Lage zu nutzen suchten, kamen schon aus Gründen nationalen Stolzes nicht an dem fliegenden Giganten aus Europa vorbei. Bei ihnen, wie bei allen anderen Betreibern, erhielt das neue Flaggschiff des Weltluftverkehrs von den Passagieren Bestnoten. Selbst in der Economy Class ist ein Flug mit der A380 für viele Passagiere bis heute etwas Besonderes. Die Aufmerksamkeit, die Airbus dem Passagierkomfort gewidmet hat, zahlt sich aus.

Abgang eines Superstars

Die Bestellungen allerdings wollten trotz allem nicht vorankommen. Zwar trommelte Airbus-Verkaufschef John Leahy was das Zeug hielt, zwar erneuerte Airbus in seinem Global Market Forecast jedes Jahr unbeirrt die Prognose, dass in den kommenden 20 Jahren weit über 1.000 Very Large Aircraft gebraucht würden, nur schlug sich das nicht in den Verkäufen nieder. Das Geschäft blieb mühsam, auch nachdem die Schwierigkeiten in der Produktion überwunden waren. Es gab einige Nachbestellungen, aber Neukunden blieben rar. 2005 kam China Southern hinzu, 2007 British Airways, die sich lange abseits gehalten hatten, und 2011 Asiana. Neukunden wie Air Hongkong, Air Austral und Skymark aus Japan waren dagegen ganz bestimmt nicht die Art Operatoren, die zur A380 passten. Air Hongkong und Air Austral bestellten wieder ab. Skymark ging pleite, als schon zwei der fünf bestellten Flugzeuge gebaut waren. Nachdem sie drei Jahre in Toulouse herumgestanden hatten, übernahm Emirates sie. Die drei noch offenen Lieferpositionen gingen mit kräftigen Preisabschlägen versehen an ANA. Die Bestellung des Leasingunternehmens Amedeo von 2013 sah die Branche bereits als verzweifelte Marketingaktion, um Nachfrage vorzutäuschen, aber nicht als ernstzunehmende Order.

British Airways gehörte zwar zu den ersten Interessenten eines Superjumbo, entschied sich dann aber erst spät. Erst 2013 nahm sie die erste von insgesamt zwölf A380 (hier zusammen mit den Red Arrows) in Empfang.

Wenngleich die Passagiere begeistert waren, die Kaufleute in den Fluggesellschaften waren es nicht. In der Praxis zeigte sich nämlich, dass die A380 nur bei sehr hoher Auslastung wirtschaftlich zu betreiben war. Wegen des kurzen Rumpfes kann ihr Frachtraum nur elf Frachtpaletten aufnehmen. Die viel kleinere Boeing 777-300ER dagegen 20. Die Erträge aus der sogenannten Belly-Fracht sind ein wichtiger Posten in der Gesamtkalkulation einer großen Airline. Auch zeigte sich, dass die A380 in Sachen Treibstoffverbrauch beileibe kein Sparwunder ist, eine Folge des hohen Strukturgewichts, das ihr als kleinstem Familienmitglied in die Wiege gelegt worden war. Mit der Boeing 777-300ER und dem Airbus A350 gab es inzwischen Langstreckenjets, die gerechnet auf den Sitzplatz 30 Prozent wirtschaftlicher waren als die A380.

2014 zündete EADS-Finanzchef Harald Wilhelm auf einer Veranstaltung für Investoren eine Bombe. Man werde ab 2018 entweder eine A380neo anbieten oder aber die Produktion einstellen. Er sprach aus, was vielen bei kühler Analyse der Fakten längst klar war.

Die japanische Fluggesellschaft Skymark erwies sich als totaler Fehlgriff. Als schon zwei der fünf A380 gebaut waren ging sie pleite und Airbus musste für die Maschinen andere Abnehmer finden.

Die Frage, wann Airbus mit dem Flugzeug Geld verdienen würde, stellte sich schon seit langem nicht mehr. Bei einer Produktionsrate von nur noch einem Flugzeug pro Monat ging es nur noch darum, wenigstens beim Bau kein Geld mehr zu verlieren. Eine Modernisierung mit neuen Triebwerken und einem neuen Flügel hätte weitere Milliarden gekostet. Kunden, die diese Investition rechtfertigen würden, waren aber weit und breit nicht in Sicht, auch in China nicht. Emirates hätte zur Fortsetzung seiner Expansion gern weitere A380 gekauft, wollte aber Garantien, dass das Flugzeug auf lange Sicht weitergebaut wird. Als Airbus die nicht geben wollte, düpierte Scheich Al Maktum das Airbus-Management, indem er die pressewirksame Unterzeichnung des Vertrages auf der Dubai Airshow ohne Vorwarnung platzen ließen. Zwei Monate später kam doch ein Vertrag zustande, allerdings nicht über 40 Flugzeuge wie erhofft, sondern nur über 20. Aber auch der scheiterte später, weil sich Emirates nicht mit Rolls-Royce über die Konditionen des Triebwerkskaufes einigen konnte.

Die A380plus half auch nicht

Der Patient A380 lag auf der Intensivstation. Mit einer A380plus versuchte Airbus dem Programm neues Leben einzuhauchen. 4,60 Meter hohe Winglets, eine Umgestaltung der Kabine, die Raum für 80 zusätzliche Sitze schaffte, und einige kleinere technische Änderungen sollten die Kosten pro Sitzplatz um 13 Prozent senken. Aber kein Kunde biss an. Auch sonst sah es nicht gut aus. 2017 hatte Singapore Airlines ihre erste A380 nach Auslaufen des Leasingvertrages zurückgegeben. Drei weitere dieser noch übergewichtigen Erstlinge folgen. Nur eine fand bei der maltesischen Charterfirma HiFly für drei Jahre Verwendung. Die anderen wurden ausgeschlachtet und verschrottet. Nur zehn Jahre nach der ersten Auslieferung war Europas Wundervogel am Ende. Am 14. Februar 2019 gab Airbus schließlich bekannt, die Produktion der A380 einzustellen. Am 17. März 2021 startete die letzte A380 in Toulouse zu ihrem Erstflug. Nach der Innenausstattung in Hamburg wurde sie im November 2021 an Emirates übergeben. Nach nur 252 Flugzeugen ist Schluss.

In der Coronakrise passierte dasselbe wie in allen Luftfahrtkrisen zuvor: Fluggesellschaften legten als erstes ihre größten Flugzeuge still und überprüften ihre Flottenplanung. Lufthansa, Air France und Qatar Airways kündigten an, ihre A380 nicht mehr zu reaktivieren. Der jüngste der zehn Superjumbos von Qatar Airways war erst 2018 ausgeliefert worden. Europas Stolz wurde in großem Stil abgewrackt. Emirates und einige andere Fluggesellschaften werden den Riesen jedoch auf viele Jahre weiterfliegen. Qantas zum Beispiel hat ihn gerade erst mit einer neuen Kabine aufgemöbelt. Mit der Bestellung von nur noch halb so großen Flugzeu-

▼▼ Die japanische Fluggesellschaft ANA wurde der letzte Neukunde für die A380. Sie setzt ihre A380 vor allem auf der Strecke Tokio - Hawaii ein. Die Schildkröten-Bemalung ist ein echter Hingucker.

AIRBUS A380
381
ANA

ANA
ANA
JAPAN
F-WWSH
0262

Nancy-Bird Walton

gen wie der Boeing 787-10 kündigte sich bei Emirates aber auch eine Strategiewende an, und es bleibt abzuwarten, wie viele ihrer 122 A380 auf Dauer zurückkehren werden.

Wie sieht am Ende die Bilanz aus? Die Skeptiker hatten recht, der Markt, dem Airbus hinterherjagte, war ein Phantom. Geschätzt 16 Milliarden Euro hat das A380-Debakel gekostet, eine gewaltige Summe, auch in einer Branche, die große Zahlen gewohnt ist. Airbus brauchte zweifaches Glück, um dieses Abenteuer schadlos zu überstehen. Ohne die kräftig sprudelnden Gewinne aus der Produktion des Bestsellers A320 hätte das Abenteuer A380 unweigerlich in einer Bruchlandung geendet, zumal das Unternehmen zuvor bereits bei der A340-500/600 Milliarden in den Sand gesetzt hatte. Der zweite glückliche Zufall war, dass sich Boeing bei der technisch richtungweisenden 787 dramatisch verstolperte. Ein halbwegs im Zeitplan produzierter Dreamliner mit allen seinen Qualitäten hätte Boeing eine kaum einholbare Dominanz im stückzahl- und margenstarken Segment zwischen 250 und 350 Sitzen gesichert. Aber das Regime einer renditebesessenen Managerriege, die Excel-Tabellen über die Sachkunde erfahrener Ingenieure stellte und Warnungen vom Tisch wischte, kam Airbus zur Hilfe und schwächte Boeing auf Jahrzehnte.

Andererseits gäbe es Airbus in seiner heutigen Form ohne die A380 vermutlich nicht. Erst das große Ziel, den Rivalen aus den USA zu übertrumpfen, hat zusammen mit gehörigem Druck aus der Politik dazu geführt, dass tief verwurzelte Egoismen und Rivalitäten im entscheidenden Moment zurückgestellt wurden und ein gemeinsames Dach entstand. Die Geschichte der A380 zeigt aber auch, dass diese nicht überwunden sind. Wer sich unter Airbus-Mitarbeitern umhört, der erfährt schnell, dass diese Konflikte bis heute weiterschwelen und in den Alltag hineinwirken.

Wirtschaftlich gesehen gehören Hamburg und ganz Norddeutschland zu den Gewinnern. Die A320-Endmontage ist ein starkes Fundament für die zukünftige Entwicklung als einer der führenden Luftfahrtstandorte der Welt. Die mit der Brechstange durchgesetzte Verlängerung der Startbahn in Finkenwerder über das notwendige Maß hinaus stört allerdings das positive Bild. Als Folge industriellen Powerplays und einer Politik, die sich unreflektiert zum Erfüllungsgehilfen machte, ist sie eine bittere Hinterlassenschaft. Ohne eine A380-Endmontage nur als Single-Aisle-Zentrum für die A320-Familie stünde Hamburg nicht viel schlechter da. Die Folgen der damit verbundenen Auseinandersetzungen wirken bis heute nach. Airbus hat bei seinen Nachbarn vor Ort nachhaltig Vertrauen eingebüßt, die Politik bei den betroffenen Wählern.

Die Steuerzahler in Deutschland, Frankreich, Spanien und Großbritannien hat die A380 an die zehn Milliarden Euro gekostet – Entwicklungskostenzuschüsse, Infrastrukturmaßnahmen aber auch die Milliarden Steuern, die Airbus gezahlt hätte, wäre da nicht ein Loch von 16 Milliarden zu stopfen gewesen.

Der größte Profiteur heißt ironischerweise Emirates. Mit einer riesigen Flotte von Superjumbos, die auf diese Weise von den Europäern mitfinanziert wurde, konnte die Scheich-Airline Millionen gut zahlender Premium-Kunden über sein Drehkreuz in der Wüste umleiten, zum Schaden der etablierten Fluggesellschaften in den europäischen Airbus-Staaten. Welch eine Ironie.

Zwölf A380 hat Qantas in der Flotte und setzt sie unter anderen auf der Känguru-Route zwischen Sydney und London sowie auf der Transpazifik-Strecke nach Dallas und Los Angeles ein.

▼▼ Während der Coronakrise parkte Lufthansa ihre A380 zunächst in München. Später fiel dann aber die Entscheidung, die Flugzeuge dauerhaft stillzulegen. Die jüngste war zu diesem Zeitpunkt erst fünf Jahre alt. Auch wenn Lufthansa ab März 2023 fünf Maschinen reaktivierte, um die massive Verspätung der 777-9 auszugleichen, hat die A380 bei der Kranich-Airline keine Zukunft mehr.

Lufthansa
Lufthansa
Lufthansa
Lufthansa
Lufthansa
Lufthansa

Lufthansa

Und jetzt: Die Mega-Twins

Mit der 777-300ER hat Boeing der Welt bewiesen: Zwei sind besser als vier. Sie brauchen weniger Treibstoff und haben geringere Wartungskosten. Das macht sie so wirtschaftlich, dass eine A380 oder eine 747 nahezu vollbesetzt sein muss, um mit ihnen mithalten zu können. Dank der traumhaften Zuverlässigkeit moderner Triebwerke sind selbst die längsten Überwasserstrecken für die Twins kein Hindernis mehr. Deshalb gehört ihnen die Zukunft. Sie haben die vierstrahligen Riesen vom Himmel verdrängt und haben eine neue Ära des Luftverkehrs eingeläutet.

Mit der A350, hier bei ihrem Erstflug 2013, gab Airbus eine überzeugende Antwort auf Boeings Dreamliner und die 777.

Das schlanke, zweistrahlige Flugzeug mit den markanten Cockpitfenstern und den elegant hochgeborgenen Flügelspitzen, das am 14. Juni 2013 um 14.05 Uhr in Toulouse zu seinem Jungfernflug abhob, war der größte Technologiesprung in der Geschichte von Airbus, vergleichbar in dieser Hinsicht nur mit der A320. Weniger noch als bei dieser 26 Jahre zuvor konnte es schon an diesem Tag keinen mehr Zweifel geben, dass hier ein neuer Bestseller an den Start ging. 33 Airlines und Leasinggesellschaften hatten zu diesem Zeitpunkt bereits 613 Bestellungen für die A350 XWB unterschrieben.

Aller Anfang …

Am Anfang stand allerdings ein krachender Fehlstart. Mit der Entwicklung des Dreamliner 787 hatte Boeing Airbus auf dem linken Fuß erwischt. Die Europäer hatten mit der A380 und dem Militärtransporter A400M zwei höchst anspruchsvolle Programme in den Griff zu bekommen, die beide Probleme machten. Zugleich zeichnete sich ab, dass die vierstrahlige A340-600 gegen die zweistrahlige Boeing 777-300ER nicht bestehen konnte. In dieser Situation brachte Boeing mit dem Dreamliner einen starken Konkurrenten für die A330 heraus, neben der A320 das zweite wichtige Standbein von Airbus. 15 Prozent weniger Treibstoffverbrauch, 20 Prozent niedrigere Wartungskosten und eine innovative Kabine waren starke Argumente.

Airbus-Verkaufschef John Leahy versuchte die Konkurrenz kleinzureden. Die 787 sei ja nichts als eine »chinese copy«, eine Raubkopie der A330, verkündete er. Bei den Kunden verfing diese Rhetorik nicht. Sie erwarteten eine Antwort auf den Dreamliner. Die präsentierte Airbus Ende 2004 in Form der A350-800 und A350-900. Mit 258 bzw. 316 Sitzen in einer Zwei-Klassen-Bestuhlung würde die Kapazität etwas größer sein als bei A330-200 und -300. Die Reichweite sollte deutlich größer sein, wenn sie auch nicht an

Der Boeing 787 hatte Airbus nichts Gleichwertiges entgegenzusetzen. Zum Glück für Airbus verpatzte Boeing den Start gründlich und verspielte damit seinen zeitlichen Vorsprung.

die der 787 heranreichte. Geschafft werden sollte dies durch die Verwendung von Aluminium-Lithium-Legierungen und Kohlefaser, etwa für die Außenhaut der Flügel, was acht Tonnen Gewicht sparen würde. Als Triebwerke waren Ableitungen der beiden Dreamliner-Motoren General Electric GEnx und Rolls-Royce Trent 1000 vorgesehen.

182 der 200 Bestellungen und Absichtserklärungen für den Start des Programms waren bereits eingesammelt, als führende Leasing-Gesellschaften, allen voran Großkunde ILFC, auf einer Konferenz im April 2006 ihrem Unmut über das Projekt Luft machten. Obwohl Airbus betonte, 90 Prozent aller Teile des Flugzeugs seien neu, machte das Wort von einer »aufgewärmten A330« die Runde. Nachdem schon die A340-600 die falsche Antwort auf die Boeing 777 gewesen war, schien Airbus nun auch die 787 maßlos zu unterschätzen. Damit drohte aus Sicht der Leasinggesellschaften und anderer großer Kunden in diesem wichtigen Marktsegment eine Boeing-Dominanz, an der ihnen nicht gelegen sein konnte. Eine bittere Pille für den erfolgsverwöhnten Flugzeugbauer aus Toulouse, aber eine heilsame.

Schon im Juli 2006 präsentierte Airbus während der Farnborough Airshow die ersten Eckpunkte für eine vollkommen neu entwickelte A350, die den Zusatz XWB für Extra Wide Body erhielt, um zu dokumentieren, dass sich Airbus endlich auch dem überkommenen Rumpfquerschnitt der A300 löste, einen der zentralen Kritikpunkte der Kunden. Dieser war immer noch derselbe wie bei der A300 dreißig Jahre zuvor. Schon am 1. Dezember 2006 verkündete Airbus dann den offiziellen Start des neuen Programms, und zwar ohne einen einzigen Auftrag in der Tasche zu haben. Angesichts der dramatischen Situation bei der A380, war das ein wichtiges Signal der Stärke. Mit drei Modellen von 270 bis 350 Sitzen und einer Reichweite von etwas mehr als 15.000 Kilometern zielt dieses Flugzeug zugleich auf die Boeing

Mit 366 Passagieren in drei Klassen tritt die A350-1000 in Wettbewerb mit der 777. Bei einer nominellen Reichweite von 15.550 Kilometern gibt es kaum eine Strecke in der Welt, die sie nicht nonstop bedienen kann.

787-9 und -10 und die 777. Nach dem damals noch groben Zeitplan sollte der Erstflug 2012 stattfinden, 2015 oder 2016 die erste Auslieferung. Vorsicht war aber angebracht, denn ein großer Teil der notwendigen Technologien musste erst noch entwickelt werden.

Die Außenhaut der Tragflügel würden bei einer Spannweite von 64 Metern das größte jemals aus Carbonfaser hergestellte zivile Bauteil sein. Beim Rumpf gingen die Airbus-Ingenieure einen anderen Weg als die Kollegen in Seattle. Statt diesen als Röhre zu wickeln, sollte er aus bis zu 18 x 16 Meter großen Segmenten zusammengesetzt werden, weil es so einfacher ist, die Wandstärke den lokalen Lasten anzupassen. Zahlreiche Änderungswünsche von Kunden wurden im Laufe des Entwicklungsprozesses in das neue Flugzeug integriert. Zum Beispiel wurde der Rumpf nochmals verbreitert und die Ruheräume für die Besatzung aus dem Unterdeck ins Dachgeschoss der Kabine verlegt, so dass dafür kein wertvoller Frachtraum verschenkt werden musste. Zur Erhöhung des Passagierkomforts entspricht der Kabinendruck im Reiseflug wie bei der 787 nicht mehr einer Höhe von 2.400 Metern sondern nur noch 1.800 Metern. Eine Luftfeuchtigkeit von 20 Prozent schont die Schleimhäute der Passagiere. Der Kohlefaserrumpf macht‘s möglich. Das Cockpit ist aufgeräumt wie noch keines zuvor. Sechs große Bildschirme im Querformat präsentieren alle Informationen, die die Piloten benötigen, einschließlich Anflugkarten, Navigationskarten, Handbücher und Checklisten. Trotz dieser Veränderungen schaffte es Airbus, die Kommunalität mit den anderen Flugzeugen zu

erhalten. Ein A320-Pilot schafft den Umstieg auf die A350 in nur elf Tagen, ein A330-Pilot benötigt lediglich ein Differenz-Training von acht Tagen.

Marathon für Besatzung und Passagiere

Die Verkaufszahlen zeigten, das dies genau das Flugzeug war, auf dass die Kunden gewartet hatten. Als die erste A350-900 am 22. Dezember 2014 an Qatar Airways übergeben wurde, standen 778 Bestellungen in den Büchern, davon 67 von Qatar Airways und 67 von Singapore Airlines. Diese hat unter anderem sieben Exemplare des Reichweitengiganten A350-900ULR (Ultra Long Range) geordert und setzt ihn für Nonstop-Flüge zwischen Singapur und New York ein: 15.353 Kilometer weit und rund 18 Stunden Flugzeit, die längste kommerzielle Verbindung der Welt. Als Airbus am 26. Juli 2016 nach nur zweieinhalb Jahren bereits die hunderste A350-900 auslieferte, befand sich bereits die A350-1000 im Bau. Sie ist knapp sieben Meter länger und hat für nominell 366 Passagiere Platz. Zusammen mit der Boeing 777 bildet sie das Rückgrat der Langstreckenflotte von Qatar Airways, dem größten Betreiber dieses Typs.

Nicht realisiert wurde die A350-800. Sie war als Nachfolger der A340-200 gedacht und sollte der 787 etwas entgegensetzen. Dem Übergewicht, das sie als kleinstes Mitglied der Familie naturgemäß hat, wollte Airbus durch einen leichteren Rumpf begegnen. Das kollidierte aber mit dem Wunsch der Kunden, eine möglichst große Übereinstimmung

Die 777-300ER war ein ganz großer Wurf. Über 800 Stück hat Boeing davon verkauft. Thai Airways hat sechs der zweistrahligen Riesen in der Flotte.

Die 777-8 und -9 sollten die Zukunft der 777-Familie sichern. Auch von einer -10 mit 450 Sitzen ist bereits die Rede.

zwischen allen Varianten zu haben. Deshalb wurde das Projekt auf Eis gelegt. Seine Realisierung ist aber angesichts der starken Konkurrenz durch die 787 unwahrscheinlich, ganz im Gegensatz zur A350-1100. Diese auch A350-2000 genannte Variante hätte eine um etwas mehr als drei Meter längeren Rumpf und 410 Sitze. Voraussetzung wäre aber eine schubstärkere Version des Rolls-Royce Trent XWB. Aus dem Motor die notwendige Leistung herauszukitzeln scheint aber kaum machbar. Eine Alternative wäre der neue Rolls-Royce UltraFan, der ab 2025 verfügbar sein könnte, also rechtzeitig für eine A350neo. Während der Dubai Airshow 2021 gab Airbus dem Programmstart für die A350F bekannt, mit der sie das Boeing-Monopol bei großen Frachtern brechen will. Innerhalb weniger Monate konnte Airbus 31 Bestellungen vermelden, darunter die Air Lease Corporation, Air France und Singapore Airlines.

Mit der A350 hatte Airbus erstmals ein Flugzeug, das der Boeing 777 effektiv Paroli bieten konnte. Seit sie 1994 zum ersten Mal abhob, dominiert diese in ihren verschiedenen Varianten den Markt für Großraumflugzeuge. Die Triple Seven ist eines der bahnbrechenden Flugzeuge der Luftfahrtgeschichte. Als Nachfolger für die DC-10 und Lockheed L-1011 TriStar entwickelt, war sie der erste Jet dieser Größe und Reichweite, mit nur zwei Triebwerken. Der Rumpfdurchmesser ist mit 6,20 Metern beinahe so groß wie der einer 747. Mit der 777 führte Boeing erstmals Glas-Cockpit und Fly-by-Wire ein. In Toulouse spottete man damals, die sei der beste Airbus, den Boeing je gebaut habe. Dass es in dieser Klasse der bessere Airbus war, zeigte sich spätestens bei der 777-300ER, die nicht nur die A340-500 und -600 vom Markt fegte, sondern auch der 747-400 den Rang ablief. Als Zweistrahler war sie der Konkurrenz mit ihren vier Töpfen unter dem Flügeln in punkto Wirtschaftlichkeit und Zuverlässigkeit weit überlegen, ohne bei den Flugleistungen hinterherzuhinken. Über 1.400-mal konnte Boeing die bisherigen Versionen von der 777-200 bis zur supererfolgreichen 777-300ER, die über die Hälfte davon ausmacht, bisher

Eigentlich sollte die neue Business Class der Lufthansa in der 777-9 Premiere haben. Das Flugzeug kommt aber nicht vor 2025.

verkaufen, dazu über 200 mal die Frachtversion 777F.

Nachfolger für den Bestseller

Nach beinahe zwei Jahrzehnten wurde es Zeit für etwas Neues, zumal Airbus mit der A350 einen technisch klar überlegenen Konkurrenten ins Rennen schickte. Die 777-8 und die größere 777-9 sollen die Erfolgsgeschichte der Triple Seven fortschreiben. Dazu hat Boeing seinen Bestseller einer grundlegenden Überarbeitung unterzogen. Die -9 wird als erster Twinjet mehr als 400 Sitze in einer typischen Zwei-Klassen-Bestuhlung haben, nämlich 414 und damit nur zwei Sitze weniger als eine 747-400. Die Entwicklung der kleineren Version -8, die als Nachfolger der 777-300ER gedacht ist und mit zwei Jahren Abstand folgen sollte, wurde 2019 erst einmal verschoben. Sie soll sieben Meter kürzer sein und eine Reichweite von 16.090 Kilometern haben, 200 Kilometer mehr als die 777-200LR. Dieser Zuwachs an Reichweite ist vor allem eine Folge der sparsameren Triebwerke. Die neuen GE9X-Motoren sind nochmals größer als die ohnehin schon riesigen Triebwerke der 777-300ER. Der Durchmesser des Fans stieg um 15 Zentimeter auf beeindruckende 3,40 Meter. Obwohl die 777X dasselbe maximale Startgewicht haben wird wie die -300ER, liefern die neuen Motoren nur 105.000 lbf (470 kN) Schub. Für die meisten Kunden ist das ausreichend. Nur Emirates hätte sich wohl angesichts der hohen Temperaturen in Dubai mehr gewünscht. Zeitweilig wurde sogar überlegt, den Triebwerken durch eine optionale Wassereinspritzung wie in der Frühzeit der Jet-Fliegerei mehr Leistung zu entlocken.

Der markanteste Unterschied zur jetzigen 777 sind ohne Zweifel die neuen Flügel. Um ganze sieben Meter ist die Spannweite gewachsen. Bei einer Streckung von 11,04 ist

dies der mit Abstand schlankste Flügel, den es je bei einem Jet gegeben hat. Das spart Kerosin, weil sich so der induzierte Widerstand verringert, der durch den Druckausgleich zwischen Flügelober- und -unterseite an den Flügelspitzen entsteht. Für den Bau der Flügel hat Boeing in Everett für eine Milliarde Dollar eine Produktionshalle mit 110.000 Quadratmetern Fläche gebaut. Die drei Autoklaven darin sind die größten der Welt. In ihnen hätte der Rumpf einer 737 Platz. Ein technischer Leckerbissen und eine Novität in der zivilen Luftfahrt sind die hochklappbaren Flügelspitzen. Damit die neue 777 auf Flughäfen dieselben Gate-Positionen wie die alte benutzen kann, werden die äußeren dreieinhalb Meter des Flügels am Boden einfach in die Senkrechte gestellt. Das Ganze passiert normalerweise automatisch nach der Landung unterhalb einer bestimmten Geschwindigkeit. Boeing hatte eine solche Option schon vor knapp 30 Jahren für die Ur-777 ins Kalkül gezogen, es aber letztlich aus Gewichtsgründen wieder verworfen. Auch heute ist es alles andere als trivial, einen solchen Mechanismus so leicht zu bauen, dass das Mehrgewicht den Nutzen der großen Spannweite nicht wieder auffrisst. Entwickelt und produziert wird dieses Stück feinster Luftfahrttechnik in Lindenberg im Allgäu bei Liebherr Aerospace. Das Kunststück dabei ist, diesen Antrieb möglichst kompakt zu bauen, weil es im Außenflügel sehr beengt zugeht. Für den Rumpf hat sich Boeing für

Die 777-9 ist der größte Twinjet, der je gebaut wurde. Eine 777-10 wäre nochmals um vier Meter länger.

eine konventionelle Bauweise aus Aluminium entschieden. Kohlefaser ist immer noch deutlich teurer zu verarbeiten, zumal es inzwischen neue, leichtere Aluminiumlegierungen gibt, die den Gewichtsvorteil von Kohlefaser schrumpfen lassen. Komfortelemente, die es zuvor nur in Carbon-Jets wie der A350 und der 787 gab, zeigen, dass die gute alte Blechschneiderei noch längst nicht am Ende ist: deutlich größere Fenster, höhere Luftfeuchtigkeit und ein höherer Kabinendruck.

Die neue Triple-Seven-Generation erwischte einen Traumstart. Während der Dubai Airshow 2013 gab Lufthansa die Bestellung von 34 Flugzeugen der Version -9 bekannt. Übertrumpft wurde der Kranich aber von den Golf-Carriern. Emirates bestellte 150 Maschinen, Qatar Airways 50 und Etihad Airways 25. Später setzten sich auch ANA, British Airways, Cathay Pacific und Singapore Airlines auf die Kundenliste. Die ersten Auslieferungen waren für 2020 geplant. Doch dann kam alles anders: General Electric konnte den Zeitplan für die Entwicklung der Triebwerke nicht halten. Überschattet vom Absturz der 737-8MAX von Ethiopian Airlines fand das Rollout des neuen Hoffnungsträgers im Langstreckengeschäft ohne die sonst übliche aufwendige Feier statt. Unkorrektheiten bei der Zulassung der 737-8MAX und in der Produktion der 787 belasteten das Vertrauensverhältnis zur FAA nachhaltig. Und dann waren auch die Folgen der Pandemie zu verkraften. Bei Drucklegung dieses Buches wurden die Zulassung für 2024 und die Auslieferung der ersten 777-9 für das erste Quartal 2025 erwartet. Nach Aussagen von Qatar Airlines CEO Akbar Al Baker während der Farnborough Airshow in Juli 2022 wird diese wohl den Oryx, das Wappentier seiner Airline, am Leitwerk tragen und nicht, wie lange erwartet den Lufthansa-Kranich.

Qatar Airways ist ebenfalls Erstkunde für die 777-8F, die Boeing am 31. Januar 2022 als Reaktion auf den Airbus A350F gelauncht hat. Mit 118 Tonnen Nutzlast und 8.200 Kilometer Reichweite soll sie ab 2027 in die Fußstapfen der 747-400F treten. Im Mai 2022 hat auch Lufthansa sieben Maschinen des neuen Typs bestellt. Ob es die einst geplante Passagierversion der 777-8, von der Emirates 125 Stück bestellt hat, geben wird, bleibt dagegen ungewiss. Hingegen rührt Boeing hinter den Kulissen bereits die Werbetrommel für eine 777-10, einen Riesen mit 80 Metern Länge und 450 Sitzen. Mit ihr hätte die Triple-Seven dann endgültig das Erbe des Jumbo angetreten.

Giganten von morgen

Die Luftfahrt steht vor der größten Herausforderung seit ihren Anfängen. Bis spätestens 2050 muss sie klimaneutral sein, besser noch früher. Sie muss ihren Beitrag leisten, denn eine moderne Welt, in der Menschen und Märkte nicht durch Flugzeuge verbunden sind, ist nicht vorstellbar. Neue, auch unkonventionelle Lösungen sind nötig. Auf der Suche nach der Zukunft gibt es viele spannende Ansätze. Dazu gehören auch Ideen für die Giganten von morgen. Die werden mit ziemlicher Sicherheit ganz anders aussehen als Riesen von gestern und heute.

Mit einem unbemannten Nurflügler will das amerikanische Start-up Natilus die Luftfracht revolutionieren. Der fliegende Rochen soll 143 Tonnen Nutzlast haben und auf einem Flug über den Atlantik die Umwelt mit 50 Prozent weniger CO_2 belasten.

Ein Flugzeug ohne Rumpf, darüber dachte schon Hugo Junkers vor 100 Jahren nach. Blended Wing Body oder Hybrid Wing Body werden diese Konzepte heute genannt. Auf beiden Seiten des Atlantiks wird seit langem an ihnen geforscht, Airbus mit der Studie Maverick, Boeing und NASA mit der X-48C (rechts). Man schätzt die Treibstoffersparnis auf mindestens 20 Prozent. In den Flügel wäre Platz für viel größere Tanks, genau das, was man für ein Flugzeug mit Wasserstoffantrieb braucht. Aber noch ist ihr Flugverhalten noch nicht vollständig verstanden. Auch mit der Infrastruktur heutiger Flughäfen wären sie nicht kompatibel. Aber das waren auch die 747 und die A380 bei ihrer Entwicklung nicht.

Auch im nächsten Jahrzehnt werden Airbus A380 und Boeing 747 noch zum Alltag der großen Flughäfen gehören. Aber ist mit ihnen die Ära der Giganten am Himmel unwiderruflich Geschichte? Wohl kaum. Irgendwann werden Flugzeuge wie die A350 und die 777 zu klein sein, denn auf Dauer wird der Luftverkehr wieder wachsen. Menschen wollen reisen, um einander zu begegnen. Wer Freundschaften pflegen, Geschäfte machen oder Probleme aus der Welt schaffen will, muss sich persönlich mit seinem Gegenüber treffen.

Kapazitätsengpässe auf den Flughäfen und der Klimaschutz werden irgendwann neue Jumbos und Superjumbos erforderlich machen, denn aus aerodynamischer Sicht führt Größe zu mehr Effizienz. Die Oberfläche eines 500-Sitzers ist pro Sitzplatz kleiner als die eines 300-Sitzers gleicher Technologie. Das bedeutet einen geringeren Reibungswiderstand pro Passagier. In der Realität wird dieser Gewinn aber dadurch aufgefressen, dass das Gewicht der Flugzeugstruktur überproportional stark wächst. Das Wing-and-Tube-Konzept heutiger Flugzeuge ist weitgehend ausgereizt. Während heutige Triebwerke mit einem Bruchteil des Treibstoffs ihrer Urväter aus den 1950er-Jahren auskommen, ging es bei der Aerodynamik nur in Trippelschritten voran. Betrachtet man die aerodynamische Effizienz, gemessen als das Produkt aus Machzahl (Geschwindigkeit) und Gleitzahl (Luftwiderstand) im Reiseflug, so sind heutige Flugzeuge nur wenig besser als eine 707 oder DC-8. Der Großteil der flugzeugseitigen Verbesserungen beruht auf der Senkung des Strukturgewichts, zum Beispiel durch den Einsatz von Kohlefaser. Die Giganten von morgen werden deshalb wahrscheinlich anders aussehen müssen als die von heute.

1988 forderte die NASA Boeing und McDonnell Douglas auf, sich über einen grundsätzlich neuen Ansatz Gedanken zu machen. Robert Liebeck, heute Professor am MIT, und zwei weitere junge Ingenieure der Firma

Die britische Firma Hybrid Air Vehicles geht mit ihren Luftschiffen einen ganz neuen Weg. Für Fracht und womöglich auch für Passagiere, die es nicht ganz so eilig haben, könnten diese Riesen eine Lösung sein. Der Airlander 10 mit zehn Tonnen Nutzlast, ist mit 97 Metern Länge, 42 Metern Breite und 26 Metern Höhe auf jeden Fall das dickste Ding am Himmel.

McDonnell Douglas präsentieren der NASA den Blended Wing Body (BWB). Dieses Flugzeug, bei dem Rumpf und Flügel ineinander übergehen, würde nach ihren Berechnungen 30 Prozent weniger Treibstoff verbrauchen als konventionelle Jets. Der aerodynamische Vorteil eines BWB gegenüber heutigen Flugzeugen liegt in seiner um ein Drittel kleineren Oberfläche begründet. Außerdem kommt der fliegende Flügel ohne die Bereiche aus, die Aerodynamikern stets besonderes Kopfzerbrechen bereiten, wie etwa der Übergang zwischen Flügel und Rumpf, das Leitwerk und die Triebwerksaufhängung. Überall, wo Flächen senkrecht aufeinandertreffen, herrschen unvermeidlich besonders komplexe, energiefressende Strömungsverhältnisse.

Im Laufe der Jahre kristallisierten sich weitere Vorteile dieses Konzeptes heraus. Ein BWB käme ohne hochbelastete und damit schwere Komponenten wie den Flügelmittelkasten aus und würde insgesamt 30 Prozent weniger Teile benötigen. Der Bau wäre damit einfacher und billiger. Der rechteckige Kabinenquerschnitt wäre zwar alles andere als ideal für einen Druckkörper, aber das daraus resultierende Mehrgewicht könnte aller Voraussicht nach durch Einsparungen an anderer Stelle mehr als kompensiert werden. Mit einer entsprechenden Anpassung der Geometrie könnte ein BWB mit Mach 0,9 oder mehr außerdem schneller fliegen als heutige Flugzeuge, ohne gravierend mehr Treibstoff zu verbrauchen, unter dem Aspekt der Wirtschaftlichkeit ein weiteres Plus.

Eine Idee älter, als das Fliegen selbst

Die Idee des Nurflüglers ist älter als die Fliegerei selbst. Bereits 1876, beinahe drei Jahrzehnte vor dem ersten Flug der Gebrüder Wright, meldeten die französischen Ingenieure Alphonse Pénaud und Paul Gauchot ein schwanzloses Fluggerät mit zwei Motoren zum Patent an. In Deutschland versuchten sich die Brüder Horten in den 1930er-Jahren an Nurflüglern, in den USA die Firma Northrop. Das einzige Flugzeug dieser Art, dass es bisher in den Alltageinsatz schaffte, sind die von Northrop entwickelte B-2 Spirit und ihr noch hochgeheimer Nachfolger. Mit der X-48B und X-48 C, einem unbemannten Modell eines BWB mit 6,40 Metern Spannweite, haben Boeing und die NASA von 2007 bis 2013 das Flugverhalten eines solchen Flugzeugs vermessen. Airbus hat mit dem MAVERIC (Model Aircraft for Validation and Experimentation of Robust Innovative Controls) 2020 ebenfalls eine solche Konfiguration vorgestellt und auch Lockheed Martin arbeitet unter der Bezeichnung Hybrid Wing Body daran.

Bei näherem Hinsehen hat das Konzept aber auch seine Tücken. Wie würden zum

ZEROe steht bei Airbus für Fliegen ohne Emissionen. Dabei ist auch ein Blended Wing Body im Spiel. In ihm böten sich ganz neue Möglichkeiten für die Gestaltung der Kabine. Echte Fensterplätze gäbe es jedoch keine mehr.

Beispiel Passagiere eine Kabine ohne Fenster akzeptieren? Wie steht es um den Reisekomfort der ganz außen sitzenden Passagiere? Weil sie acht oder zehn Meter von der Längsachse des Flugzeugs entfernt säßen, ginge es für sie in jeder Kurve mehrere Meter auf und ab. So erscheint es wahrscheinlich, dass der erste BWB ein militärischer oder ziviler Frachter sein wird. Fracht meckert nicht, sagt man in der Branche.

Finanziert von namhaften Investoren arbeitet das amerikanische Start-up Natilus an der Entwicklung einer Familie von Cargo-BWB. Mit der Spannweite wie eine 747 soll das größte von ihnen 143 Tonnen Fracht 9.500 Kilometer weit transportieren können. Natilus gibt an, dass der pilotenlose Nurflügler 50 Prozent weniger Treibstoff verbrauchen und die Transportkosten für Luftfracht um 60 Prozent senken wird. Einen kräftigen Glaubwürdigkeitsschub erhielt die Nurflügler-Technologie jüngst durch das amerikanische Verteidigungsministerium, das bis 2026 einen Demonstrator für einen zukünftigen Frachter und Tanker in die Luft bringen will.

Einen noch ganz anderen Weg, geht die britische Firma Airlander. Sie entwickelt ein Hybrid-Luftschiff für den Transport von Passagieren und Fracht. Es ist ein Hybrid, weil es nicht nur wie ein Ballon oder Zeppelin durch aerostatischen Auftrieb in der Luft gehalten wird. Vielmehr ist es schwerer als Luft und so geformt, dass es im Vorwärtsflug aerodynamischen Auftrieb erzeugt. Das erste Modell,

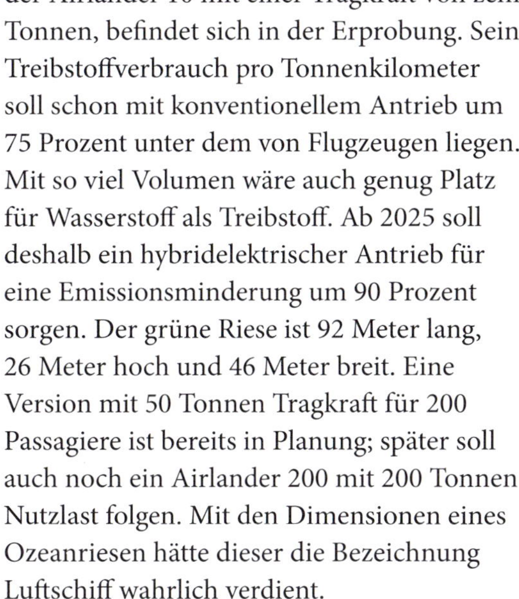

der Airlander 10 mit einer Tragkraft von zehn Tonnen, befindet sich in der Erprobung. Sein Treibstoffverbrauch pro Tonnenkilometer soll schon mit konventionellem Antrieb um 75 Prozent unter dem von Flugzeugen liegen. Mit so viel Volumen wäre auch genug Platz für Wasserstoff als Treibstoff. Ab 2025 soll deshalb ein hybridelektrischer Antrieb für eine Emissionsminderung um 90 Prozent sorgen. Der grüne Riese ist 92 Meter lang, 26 Meter hoch und 46 Meter breit. Eine Version mit 50 Tonnen Tragkraft für 200 Passagiere ist bereits in Planung; später soll auch noch ein Airlander 200 mit 200 Tonnen Nutzlast folgen. Mit den Dimensionen eines Ozeanriesen hätte dieser die Bezeichnung Luftschiff wahrlich verdient.

Die Kisten-flieger

So deutlich wie nie zuvor hat die Corona-Pandemie der Welt vor Augen geführt, wie sehr viele Bereiche vom Luftverkehr und ganz besonders von der Luftfracht abhängen. Systemrelevant nennt man das. Was mit dem Schiff viele Wochen unterwegs wäre, das kommt mit dem Flugzeug quasi über Nacht dort an, wo es gebraucht wird, ob es nun Gesichtsmasken und sImpfstoffe sind oder Computerchips und die Handys der nächsten Generation. Gemessen an der Tonnage macht Luftfracht nur ein Prozent des Welthandels aus, gemessen am Wert aber mehr als ein Drittel.

AMX 1802 DHL
DHL
AMJ 0895 DHL
DHL
TREPEL

UPS setzt auf Wachstum. Mit 28 Boeing 747-8F ist der Expressversender der mit Abstand größte Betreiber dieses Typs.

Ein Tennisball ist ein recht banaler Gegenstand, umso mehr wenn man nicht selbst Tennis spielt. Dass seiner Herstellung eine weltweite Lieferkette zugrunde liegt, sieht man ihm nicht an: Nylon aus Großbritannien und Schafswolle aus Neuseeland, die in England zu Filz verarbeitet wird sowie Naturgummi aus Brasilien und den Philippinen, das mit einem Dutzend Zusätzen aus Griechenland, Japan und Südkorea vermischt wird, damit es die gewünschten Eigenschaften erhält. Hergestellt wird der Ball auf den Philippinen, in Kartons verpackt in Indonesien, gespielt bei uns. Menschen in 15 Ländern sind auf die eine oder andere Weise an seiner Produktion beteiligt. Wenn er bei uns ankommt, haben der Ball und seine Zutaten zwei Erdumrunden hinter sich, das meiste davon per Luftfracht. Was teuer, eilig oder verderblich ist, reist mit dem Flugzeug, 52 Millionen Tonnen pro Jahr. Die Menge entspricht einem Prozent des Welthandels, der Wert aber 36 Prozent. Waren im Wert von sechs Billionen Dollar pro Jahr sind im Bauch von Passagierflugzeugen und in Frachtflugzeugen unterwegs, 800 Dollar pro Kopf der Weltbevölkerung.

Mit der 747F hat Boeing zwar nicht den ersten Frachter gebaut, wohl aber das Flugzeug, das bis heute in der Luftfracht das Maß der Dinge ist. Das liegt sicherlich dran, dass dies bei ihrer Entwicklung ihre eigentliche, langfristige Bestimmung war und der Einsatz im Passagierverkehr eher als vorübergehende Verwendung gesehen wurde. Es ist da keine Überraschung, dass die 747-8F die Passagierversion in der Produktion überlebt hat. Viele 747-400, die während der Corona-Pandemie ausgemustert wurden, werden zu Frachtern umgebaut, ein zweites Leben haben. Was ihnen fehlt, ist die klappbare Nase, die den Jumbofrachter unter allen zivil entwickelten Frachtflugzeugen so einzigartig machen. Bis

Die Frachtversion der A380 wurde nie gebaut. FedEx und UPS setzten statt dessen auf Triple Seven und Jumbo.

zu 2,49 Meter hoch und bis zu 3,18 Meter breit können die Frachtstücke sein, die durch sie hindurch passen – schwere Maschinen, Kraftwerksgeneratoren, Großtriebwerke. Ein wichtiger Vorteil dieses Flugzeugs: Weil so viele davon im Einsatz sind, gibt es auf allen größeren Flughäfen das nötige Equipment zum Be- und Entladen.

Auch für die A380 wurde eine sogenannte Freighter Conversion diskutiert, nachdem sich viele Fluggesellschaften in der Krise von dem Flugzeug trennten. Mit teilweise deutlich weniger als zehn Jahren sind sie zum Verschrotten eigentlich noch zu jung. Airbus schlug einen Umbau zum Kombi vor. Nach Einbau eines Frachttores und eines Frachterbodens sollten auf den Hauptdecks Container und Paletten transportiert werden, im Obergeschoss weiterhin Passagiere. Aber dem Vorschlag wurden nur wenig Chancen eingeräumt. Die Kosten für Entwicklung und Umbau seien zu hoch und auch die Betriebskosten einer Hybrid-A380 wären im Vergleich zu 777 und 747 nicht wettbewerbsfähig.

Das Boeing-Flugzeug mit dem größten Frachtraum ist der 747-400 LCF Dreamlifter. LCF steht für Large Cargo Freighter. Das Flugzeug mit der Eleganz eines Möbelwagens ist das Rückgrat der 787-Produktion. Die Flügel kommen aus Japan, der Rumpf wird in Italien, Japan und in Kansas gebaut. Es gab kein Flugzeug, das diese Großbauteile hätte aufnehmen können. Ein Schiff ist von Italien nach Everett rund zwei Monate unterwegs. Wer will millionenteure Bauteile so lange auf See lassen, vom Verpackungsaufwand ganz abgesehen. Deshalb kaufte Boeing von Air China, China Airlines und Malaysian Airlines vier ältere 747-400 zurück und ließ sie von Evergreen Aviation Technologies in Taiwan umbauen. Oberhalb des Hauptdecks wurde der Rumpf weitgehend entfernt und durch einen riesigen Aufbau ersetzt. Sieben mal sieben Meter misst der so entstandene Frachtraum im Querschnitt. Sein Volumen beträgt 1.840 Kubikmeter, dreimal so viel wie eine 747-400F. Zum Be- und Entladen wird das Heck nach links weggeschwenkt. Dazu braucht man ein spezielles Fahrzeug, dass es dabei abstützt. Deshalb kann der Dreamlifter auch nur auf den Flughäfen des 787-Produktionsverbundes abgefertigt werden, mal

Die umgebaute 747, die Boeing für den Transport von 787-Bauteilen einsetzt, ist kein Ausbund an Eleganz, aber dennoch beeindruckend.

abgesehen von Ladung im Unterdeck. Der Aufbau verursacht eine Menge Widerstand, sodass die Reisefluggeschwindigkeit nur noch Mach 0,82 beträgt, gut 30 Stundenkilometer weniger als bei einem normalen Jumbo. Voll beladen hat der Dreamlifter eine Reichweite 7.800 Kilometern, gerade genug, um ohne Tankstopp von Nagoya in Japan nach Everett zu fliegen Eigentümer der Flugzeuge ist Boeing, betrieben werden sie seit 2010 von dem Frachtspezialisten Atlas Air.

Flieger für Flieger

Mit seinen quer über Europa verteilten Produktionsstätten setzt Airbus von Anfang an auf Lufttransporte. Was auf den ersten Blick als purer Luxus erscheint, nämlich der Lufttransport halber Flugzeuge, hat den Produktionsverbund von Airbus, wie wir ihn heute kennen, erst möglich gemacht. Denn nur indem man voll ausgerüstete Großbaugruppen zur Endmontage nach Toulouse lieferte, war sichergestellt, dass die Größe der jeweiligen Arbeitspakete in den einzelnen Partnerländern auch deren finanzieller Beteiligung an dem Wagnis eines europäischen Großraumflugzeugs entsprach. Bis 1998 nutzte Airbus dafür eine Flotte von umgebauten Boeing 377 Stratocruisern. Sie waren gebaut worden, um im Rahmen des Apollo-Programms die einzelnen Stufen der 110 Meter hohen Saturn-V-Rakete nach Cape Kennedy zu fliegen. Wirtschaftlich war das Projekt »Super Guppy«, so der Spitzname der Flugzeuge, ein Fehlschlag. Lachender Dritter war das Airbus-Konsortium. Es konnte von der am Rande des Bankrotts stehenden Firma zwei Flugzeuge kaufen, deren Bau schon weit fortgeschritten war. 1982/83 baute die französische Firma UTA dann im Auftrag von Airbus zwei weitere Stratoliner um.

Airbus setzte von Anfang an auf Lufttransport, um die Produktionsstandorte zu verbinden, anfänglich mit dem Super Guppy, später mit dem Beluga.

Die Propellerflugzeuge hatten eine Reichweite von 3.200 Kilometern und waren in maximal 7.600 Metern unterwegs. Vier Allison Propellerturbinen verliehen ihnen eine Reisegeschwindigkeit von gemächlichen 400 Stundenkilometern. Ihr Frachtraum war 33,80 Meter lang und maß in Breite und Höhe 7,62 Meter. Zum Be- und Entladen wurde der komplette vordere Teil des Rumpfes mitsamt dem Cockpit zur Seite geklappt. Die Nutzlast von 24,7 Tonnen war für den gewünschten Zweck mehr als ausreichend.

Das änderte sich durch den Verkaufserfolg der A320 und die Erweiterung der Produktpalette um die Langstrecken-Airbusse A330 und A340. Dafür reichte die Kapazität nicht mehr aus. Ein großer Nachteil war außerdem, dass bei stärkerem Wind an ein Öffnen des Laderaums nicht zu denken war. Das war ein deutliches Handicap, denn in Hamburg, Bremen und Broughton weht nun mal etwas häufiger ein raues Lüftchen. Deshalb entschloss sich Airbus 1991 zum Bau eines eigenen, modernen Transporters auf Basis der A300-600. Damit die A300-600ST, so die offizielle Typenbezeichnung, von vorn durch ein sich nach oben öffnendes Frachttor beladen werden konnte, verlegten die Ingenieure rund um Udo Dräger, den Chef der eigens für dieses Projekt gegründeten Airbus-Tochter SATIC, das Cockpit nach unten. Auf diese Weise erhielt das Flugzeug seine Silhouette, die ihm schon bald den Spitznamen Beluga eintrug.

Beluga: der mit der großen Klappe

Als er 1994 zum ersten Mal abhob, baute Airbus 100 Flugzeuge pro Jahr, 2019, im Jahr vor der Coronakrise waren es 863. In den Beluga-Frachtraum passt außerdem nur ein Flügel des neuen Langstrecken-Bestsellers A350. Deshalb begann Airbus 2014 mit der

Entwicklung eines größeren Nachfolgers. Der neue Beluga XL behielt das bewährte Konzept und damit das charakteristische Aussehen seines Vorgängers bei. Die neue Bemalung mit der betonten Augenpartie lässt ihn aber noch deutlicher aussehen wie einen freundlichen Riesenwal. In seinem 47 Meter langen, 2.209 Kubikmeter großen Frachtraum, dem größten, den je ein Flugzeug hatte, passt ein kompletter Satz A350-Flügel hinein. Platz für mehr muss auch nicht sein, denn Flugzeuge von über 80 Metern Spannweite wird es auf absehbare Zeit nicht geben, weil die Flughäfen dafür nicht ausgelegt sind. Die Nutzlast stieg auf 50,5 Tonnen die Reichweite auf über 4.000 Kilometer. Nicht nach jedem Flug tanken zu müssen, spart eben auch Zeit.

Vorne aus einer A330-200 und hinten aus einer A330-300 gebaut, hat der fliegende Riese wie alle modernen Airbus-Flugzeuge Sidestick und Fly-by-Wire. Am 9. Januar 2020 wurde der erste Beluga XL in Dienst gestellt. Bis 2023 werden fünf weitere folgen. Zwei von ihnen haben eine ETOPS-Zulassung für bis zu 180 Minuten Überwasserflug. Sollte es in der Lieferkette einmal haken, können sie auch mal mit Flügen nach Mobile aushelfen, dem Airbus-Werk in den USA. Die kleineren Beluga ST werden bis Mitte des Jahrzehnts schrittweise in den Ruhestand geschickt.

Der Beluga XL mag zwar die größte Klappe und den größten Frachtraum haben, die unangefochtenen Weltmeister im Schwergewicht bleiben die Antonov An-124 und An-225. Obwohl beide nicht mehr gebaut werden und von der sechsstrahligen An-225 nur ein Exemplar existiert sind beide aus dem Geschäft mit der Luftfracht nicht wegzudenken. Ursprünglich für das russische Militär gebaut, benötigt die An-124 keine besonderen Geräte für die Abfertigung. Man fährt die Ladung einfach hinein, ganz egal ob es nun Lastwagen, schwere Maschinen oder Fracht auf Paletten ist. Dasselbe gilt für ihre große Schwester An-225. Berechnungen, die bei Schwerlasttransporten in einer 747 notwendig sind, um sicherzugehen, dass die Rumpfstruktur beim Beladen nicht überlastet wird, kann man sich sparen. Was einen hereinfahrenden Panzer verkraften kann, das ist auch robust genug für jede zivile Ladung.

In vielen Fällen kommt es aber gar nicht auf das Gewicht an, sondern auf die schiere Größe. Wenn irgendwo auf der Welt kurzfristig eines der riesigen GE-90-Triebwerke der 777 gebraucht wird, dann sind in aller Regel die Antonovs am Start. Der Boeing Dreamlifter und der Airbus Beluga XL wären zwar ebenfalls groß genug, aber kurzfristig nicht verfügbar. Als am 1. Februar 2017 Flug LX 40, eine Boeing 777-300ER der Swiss, in Iqaluit auf Baffin Island, 1.900 Kilometer nördlich von Quebec, wegen eines Triebwerksschadens notlanden musste, da war es eine An-124 von Antonov Airlines, die das Ersatztriebwerk von Zürich in die Arktis flog und den defekten Motor wieder mit zurücknahm. Kostenpunkt: schätzungsweise eine halbe Million Dollar, Expresszuschlag inklusive. Die Riesen sind in vielen Bereichen einfach unersetzlich. Deshalb rutschte Logistikverantwortlichen in aller Welt auch das Herz in die Hose, als im November 2020 eine mit 84 Tonnen Autoteilen aus Korea beladenr An-124 in Novosibirsk verunglückte. Beim Wiederstart nach einem Tankstopp war dem Flugzeug von Volga-Dnepr eines der vier Progress-Triebwerke ausgefallen. Bei der anschließenden Notlandung rutschte das Flugzeug über die Landebahn hinaus und wurde beschädigt. Die fliegende Rarität konnte wieder repariert werden. Die Welt hatte nochmal Glück gehabt.

Mit der A350 wurde der Beluga zu klein. Der Beluga XL ist eine umgebaute A330. Der Frachtraum übertrifft mit über 2.200 Kubikmetern sogar den der An-225. Nach deren Zerstörung wird Airbus den Beluga verstärkt im Markt für übergroße Fracht anbieten.

Zu den Autoren:

Heinrich Großbongardt, Jahrgang 1956, hat mit 15 Jahren das Fliegen angefangen. Die Luftfahrt hat ihn danach nicht mehr losgelassen, und er konnte Leidenschaft mit Broterwerb verbinden. Als Fachmann für PR und Marketing hat er von Airbus und Boeing bis Lufthansa viele große Unternehmen dieser faszinierenden Branche beraten. Dabei hat die die Luftfahrt aus den unterschiedlichsten Blickwinkeln kennengelernt. Neben seiner Tätigkeit als Berater für Unternehmen aus der Luftfahrtindustrie schreibt er regelmäßig in der Zeitschrift Aero International. Für deutsche und internationale Medien ist er ein gefragter Gesprächspartner für alles, was mit der Welt der Fliegerei zu tun hat.

Dietmar Plath, 1954 in Otterstedt geboren, gehört zu den erfahrensten Fotografen in der Welt zwischen Himmel und Erde. Auf allen Kontinenten hat er gearbeitet, hat in den 40 Jahren seines Berufslebens so ziemlich alles porträtiert, was Flügel hat - Verkehrsflugzeuge und Hubschrauber, Wasserflugzeuge und Militärtransporter. Sein Ziel: Ungewöhnliche Flugzeuge an ungewöhnlichen Orten zu fotografieren, und das aus ungewöhnlicher Perspektive. Die Resultate seiner Arbeit erschienen in Luftfahrtbüchern, Bildbänden und Kalendern sowie in eindrucksvollen Fotoreportagen, die renommierte Magazine wie GEO, Stern, Time, Aero International, Flight International und Aviation Week abdruckten.

Impressum:

Verantwortlich: Lothar Reiserer
Korrektorat: Michael Dörflinger
Layout: GM
Repro: LUDWIG:media
Herstellung: Anna Katavic
Printed in Slovakia by Neografia

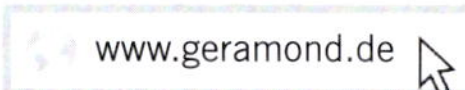

In diesem Buch wird aus Gründen der besseren Lesbarkeit das generische Maskulinum verwendet. Weibliche und anderweitige Geschlechteridentitäten werden dabei ausdrücklich mitgemeint, soweit es für die Aussage erforderlich ist.

Die Deutsche Nationalbibliothek verzeichnet diese Publikation in der Deutschen Nationalbibliografie; detaillierte bibliografische Daten sind im Internet über http://dnb.d-nb.de abrufbar.

Abbildungen auf dem Umschlag: Vorderseite unter Verwendung von Bildern von Airbus, Dietmar Plath und Fotolia. Rückseite – Flughafen München/Michael Fritz, Dietmar Plath

Infanteriestraße 11a
80797 München

ISBN 978-3-96453-251-0

Bildnachweis:

Airbus 20, 107, 108, 115–119, 129, 131, 136/137, 138, 140, 150/151, 155
Air France 91 unten links
Archiv Dietmar Plath 8–11, 14, 25, 26, 27, 29, 34, 54, 103, 105, 113 unten
BAE Systems 46
Boeing 28, 42, 48, 67–83, 85 oben, 86, 94, 142, 143-145, 154, 156
British Airways 97 oben, 104, 128
Dietmar Plath 4/5, 6, 38, 50, 52/53, 57, 58, 59, 60 oben, 61, 62, 63, 64/65, 84, 85 unten, 92, 95, 100/101, 110, 113 oben, 121, 123, 124, 125 unten, 126, 127, 130/131, 132, 139, 141, 152/153, 157, 158
Flughafen München/Michael Fritz 40, 134/135
FRAPORT 99 unten
Library of Congress/Matson Collection 18
Lockheed 149
LUFTHANSA 15, 16, 19, 23, 24, 87, 91 Mitte, 96
Natilus 146/147
Qantas 97 unten
Singapore Airlines 91 oben, 125 oben
SAS 60 unten
Stratolaunch 32
USAF 44
Wikimedia Commons/John Portos 56 oben
Wikimedia Commons/TWA 56 unten
Wikimedia Commons/Vasilik Koba 36
Wikimedia Commons/Philipp Capper 91 unten rechts
Wikimedia Commons/Nationaal Archief 21
Wikimedia Commons/Alan Wilson 98 unten links
Zeppelin Museum 12/13

AIRFRANCE

Drollinger
AIRPORT PARKING